THE HUMAN INSTINCT

人类的本能

How We Evolved to Have
Reason, Consciousness,
and Free Will

殷融 —————— 译审　　　[美]
　　　　　　　　　　肯尼思·R. 米勒　　何梓健　吴奕俊——译
　　　　　　　　　　Kenneth R. Miller
　　　　　　　　　　著

中信出版集团｜北京

图书在版编目（CIP）数据

人类的本能 /（美）肯尼思·R. 米勒著；何梓健，
吴奕俊译 . -- 北京：中信出版社，2023.7
书名原文：The Human Instinct: How We Evolved to
Have Reason, Consciousness, and Free Will
ISBN 978-7-5217-5608-1

Ⅰ.①人… Ⅱ.①肯… ②何… ③吴… Ⅲ.①人类学
Ⅳ.① Q98

中国国家版本馆 CIP 数据核字（2023）第 063247 号

人类的本能
著者： ［美］肯尼思·R. 米勒
译者： 何梓健 吴奕俊
译审： 殷融
出版发行：中信出版集团股份有限公司
（北京市朝阳区东三环北路 27 号嘉铭中心 邮编 100020）
承印者： 北京诚信伟业印刷有限公司

开本：787mm×1092mm 1/16 印张：19 字数：192 千字
版次：2023 年 7 月第 1 版 印次：2023 年 7 月第 1 次印刷
京权图字：01-2019-3728 书号：ISBN 978-7-5217-5608-1
定价：79.00 元

目 录

人类的本能

前言　我们的故事

叙事很重要。曾几何时，人类拥有属于自身的故事。

我们了解自己的位置。我们是创世的最初成果，是地球的管家，是生命世界的掌控者。回溯过往，无论是亚当和夏娃这对叛逆者，还是早期人类的不断进步，在第四世界 *，我们的种族谱写了自己的篇章。那个故事，或者更准确地说是那些故事，确立了人类存在的尊严和价值。它们在人类与动物之间划定了一条清晰的分界线，让我们确信人类的行为举足轻重，人类的选择真真切切，人类的生命充满意义。

诚然，并非全部故事都能令人心情愉悦，其中很多有其阴暗的一面，它们反映了人类灵魂深处的罪恶，它们引发了愤怒、贪婪甚至杀戮。在苦难重重的时代，那些故事满足了人类最基本的需求。它们塑造了人类对于地位、使命和价值的感知，将人类推上了生物界的顶峰。地球不仅是宇宙的中心，而且是人类（宇宙中真正有重大影响的物种）的家园。

之后，我们的故事便消失无踪。它们似乎把我们的灵魂和在天堂的地位一并带走了，很大程度上，自我也随之消失。

这个关于遗失的故事已经被讲述很多遍，它们出现在启蒙运动

背景下，出现在科学革命背景下，也出现在地理大发现背景下。回想起来，这无疑是一场胜利而非悲剧，行星在太空中的运行方式十分复杂，却被优雅和精确的数学一一破解；物质的化学成分令人费解，却被简化成一张元素周期表，各种元素更被细分为简单的分子。人类把电和磁联结在一起，塑造出新的工具来探究存在的内核。

但在所有这些伟大的进步中，有一项最与众不同，因为它直接与人类关于自我的概念产生了对话，这就是自然选择的进化论。对许多人来说，我们满足于自我形象，但查尔斯·达尔文对物种起源的揭示似乎已经让这种满足黯然失色。过去对于人类的确凿说法已然消失，取而代之的是新的理论。但那到底是什么？可以这么说，我们变成了"达尔文的子民"，但这又意味着什么呢？

很多人不想让古老的故事就此沉寂，这并不奇怪。很多人，比如哈佛大学植物学家阿萨·格雷（Asa Gray）迅速接受了达尔文的观点，可也有很多人提出抗议，他们仿佛在担心人类文明会因此危在旦夕。书籍出版受到审查，教师走向了审判席，法律禁令得以通过——这一切都是为了避免学生接触任何关于"人是从低等动物进化而来"的言论。田纳西州曾颁布了一项法令，最终引发了 1925 年那桩臭名昭著的斯科普斯案（"猿猴审判"）*。该法令一直有效，直到 1968 年才被美国最高法院撤销。但即使是最高法院也无法彻底消除公众对进化论这种颠覆性和革命性思想的抵制情绪。

时至今日，仍有芸芸之众对进化论本身的假设进行攻击，他们自称"创造论者"，拒绝承认那些在现代科学中早已达成共识的结论。

---

* 1925 年，美国田纳西州颁布了《巴特勒法案》，该法案禁止公立学校的教师教授与《圣经》不同解释的人类起源学说，青年教师约翰·斯科普斯自告奋勇向该法案发起挑战，随即引发了轰动整个美国的"猿猴审判"，该案又称斯科普斯案。

对他们而言，宇宙学、天文学、物理学甚至地质学都在合谋"杜撰进化史"，曾经有一个美国政客声称："（进化论是）一个来自地狱的谎言。"也有人提出所谓"智慧设计论"，这一理论排斥进化论的理由是进化机制不能解释生物进化的复杂性。它主张存在一个创造生命的更高智慧，即"设计师"。该观点正是 2005 年的一起公案——奇兹米勒诉多佛学区案 * 中出现的论点，这桩发生在宾夕法尼亚州的诉讼案极其轰动，我曾在该案中担任反对"智慧设计论"的主要证人。

这两种抨击之声存在一个共同点：号召民众摒弃进化论，并以一种截然不同的理论取而代之。两者的动机通常很明确，与其说是"纠正"科学错误，不如说是要用一种与某些宗教教义一致的人类起源理论来取代科学理论。

尽管逐条分析这些论点可能很有趣，但这种做法已经有人做过了，它不仅体现在奇兹米勒诉多佛学区案的审判中，也体现在许多科学家和科普作家的畅销书中[1]，此处没必要旧事重提。我不认为所有抨击进化论的观点都是幼稚、琐碎或无知的。事实上，部分批判进化的人对进化论被冠以科学之名后所宣扬的许多内容感到十分不安，这种不安感也在包括我在内的很多科学家之间蔓延开来。我相信这种担忧并非来自关于人类起源的说法，而是人类作为一种高等生物，该如何看待自己。换言之，这种不满源于一种恐惧，即接受进化论意味着我们只是进化的产物，我们既不是上帝的子民，也不是达尔文的子民，而只是众多苦苦挣扎生物族群中的一员，没有意义，一切都是为了生存。

对许多人来说，接受进化论意味着接受一种世界观——这种世界

---

* 2005 年的奇兹米勒诉多佛学区案也被称为现代版的"猿猴审判"，本书作者肯尼思·R. 米勒作为该案的专家证人出庭作证，支持进化论。

观否认人类物种的重要性，它把我们的社会制度解释为自然选择的产物，把个人的思想和行为描述为对环境输入的机械式应答。萨姆·哈里斯（Sam Harris）在其关于自由意志的专著中提到："我们是有意识的人，我们要对精神生活和后续行为承担重大责任，这种想法根本不可能映射到现实中。"[2] 然而，我们可以着眼于自身，按照哈里斯的说法，人类被一种无法控制的力量驱动。从他对进化故事的解释来看，宇宙之大超乎想象，人类不过是偶然而成的副产品，是大自然轻率的产物。

这种思路认为，进化完全是由自然力量以及适用于生物和非生物的普遍原则所驱动的。如果正如斯蒂芬·平克所写，科学已经揭示了"支配宇宙的规律缺乏目的性"[3]，那么显然，这意味着进化过程本身存在"目的性缺失"。在这个复杂而理性的现代世界，那些持这种进化观的人认为人类的存在没什么特别之处。他们认为人类的产生只是宇宙中毫无意义的意外事件；他们把人类的艺术和创造力看作是自然选择漫无目的的副产品；他们还相信，无论目的、自我和意识如何自我标榜，都只是不带任何象征意义的化学错觉。简而言之，这群人接受了一种冷酷无情的观点：在宇宙发展的宏大历程中，人类不过是微不足道的一环。在进化史的编造者眼里，人类的进化故事是一场徒劳无益的意外，充斥着不为人知的斗争和本质上毫无意义的闹剧。

但是，把一个能够解开进化奥秘的物种描述为蓝色小星球表面微不足道的碳基绒毛生物，这太不合逻辑，太站不住脚了。事实上，我坚信智人有某种特别之处，有某种真正使我们与众不同的东西。所以我们必须提出疑问：为了解释人性之特殊，是否需要对进化论做出根本性的修正？我认为没有这个必要，我们真正需要的是更深入地理解与欣赏进化的美丽和奇妙。

人类的本能

可以肯定的是，我们是有生命的生物，在地球生命的征程中，我们是无数来来去去的物种中的一种。但我们也是音乐和艺术、诗歌和笑声、科学、理性和数学的独特产物。从任何意义上说，我们都是进化的结晶，但我们也是宇宙的孩子，从这一认识中，我们以一种新的、令人振奋的方式来观察自身在生物界中的定位，来认清地球家园在群星中的所在。这正是我打算在接下来的篇章中要探索的内容。

第一章

生命的恢宏

我想查尔斯·达尔文也预料到了自己会被冷嘲热讽一番。不同于19世纪大部分科学著作，《物种起源》经久不衰。其论述具有的逻辑的严密和行文的简洁为达尔文赢得了不少关注。他以驯养动物和植物的遗传变异作为全书开篇，在当时的英国，变异是每个动植物养殖者耳熟能详的事。第二章指出，在野生动物之中也存在相似的变异。在探讨了物种个体具有不同特征之余，第三章接着描述了自然界中无处不在的"生存斗争"，这种斗争的力量就像育种者之手般，显著地塑造了每一个现存物种的特征。全书至此，自然选择使生物进化的理论——进化论的舞台已经搭建完成，他在第四章中介绍了这一理论。余下的10章为进化论做了一番旁征博引的论证。《物种起源》曾被戏称为"长篇大论"，的确如此，这确实是一部强有力而优美的大论著。

今天，《物种起源》不仅是一本读物，也被人们广为引用。尽管在它成书立论之际被抨击为科学伪证、神秘难懂的推断，但最终它以其在科学文献中罕有的明晰（甚至略带诗意的特征）散发着光辉。达尔文把书中的众多言论整合成符合情理的结论，似乎迫不及待地要向我们一一诉说他所创设的自然奇观。

> **当我不再把所有的生命视为特别的造物，而是看作早在志留系最底部地层沉积前就生活着的少数生灵的直系后代，依我来看，它们是变得更高贵了。**[1]

它们为何"高贵"？达尔文认为，这是因为生物种类与延绵不绝的斗争和其成功历史密切关联，而这种成功往往是在极大的困境下取得的。那个过去是如此遥远，那些被自由选择塑造的生物屡战屡胜，我们为其感到自豪，坚信我们也会有同样漫长而辉煌的未来。

> **既然一切现存生物类型都是远在志留纪前便已存在物种的直系后代，我们就能肯定，通常的世代演替从来没有中断过，而且还可以确信也没有什么灾变使全世界变成荒芜之地。因此我们可以多少安心地眺望一个长久的、稳定的未来。因为自然选择完全是为生物个体的利益服务，所有一切肉体和精神的天赋都在向着完善的方向进化。**[2]

每一天，在各个层面，生物都在不断趋于完善，人也是一样。未来已经在握，人类也趋于完美。如今，包括我在内的大部分生物学家都认为进化从来不会产生"完美"，但那句话总是那么美好动听。事实上，进化甚至不可能有近乎完美的一天。只要在生存斗争中胜利就

人类的本能

足够了，所以勉强过好生活就够好了。大家一直如此认为，仿佛永远不会改变。但是，达尔文对此进行了不同阐释。

对于生活在 19 世纪的读者而言，这些关于完美进化的文字所激发的感情是如此震撼人心。《物种起源》的最后一章达到了更高境界。达尔文希望我们在大自然表现出来的混乱中寻找美的存在，以河流旁杂草丛生的河岸作为隐喻，代表进化历程中的创造力：

> **看一眼缤纷的河岸吧！那里百草丛生，群鸟鸣于丛林，昆虫飞舞其间，蠕虫爬过湿润的土壤。当我们思考这些生物被如何精巧地构造而成，虽然形态万千，却以如此复杂的方式互相依存，而我们清晰地意识到这一切都是周遭自然法则的产物，这是多么奇妙。**[3]

最后，如果读者因意识到自己不过是"周遭自然法则"的产物而感到惴惴不安，达尔文向我们保证，进化的全程确实有其特别和辉煌之处：

> **生命及其蕴含的种种力量，最初是由造物主注入少数或仅仅单个类型中去的，当地球按照不变的万有引力定律运转不息，生命就是从如此简单的开端演化出了最为美丽和奇妙的形态，这一进化过程仍在继续。生命如是之观，何等壮丽恢宏*。**[4]

这是一段激动人心的话。我也经常在自己的著作和讲座中引用，而且不止我一个人这么做。但如果达尔文的思想根基如此稳固（显

---

* "生命如是之观，何等壮丽恢宏"，这一句沿用了苗德岁对《物种起源》第二版最后一段中"There is grandeur in this view of life"的经典译文。

然也没错），那么为何他觉得有必要把自己的愿景冠以"恢宏"二字呢？我想是因为他充分意识到他的很多读者（如果不是大多数的话）其实另有想法——如果我们通过自然法则在自然世界找到了人类的起源，那么又何谈把人类与野兽，甚至土里黏滑的微小生物区分开呢？漫画杂志《笨拙画报》之后以一幅讽刺漫画作为封面，让这个主题更进一步，表明"人类不过是蠕虫般的生物"。[5] 该图以达尔文的文字为基础，描绘了一条蚯蚓形状的昆虫从混沌中探头而出，接着化为不同阶段的猴子形态，然后进化成一个穴居人，接着是一名英国贵族，最后变成达尔文本人。这种图景简直难以跟"恢宏"二字扯上关系。

达尔文清楚地意识到，对人类的自我进行一点修饰，将大大有助于鼓励人们接受他的思想，而这正是我们在《物种起源》的结论段落中看到的情况。他明白大多数人不会觉得这个愿景"宏伟"，于是决定尽自己所能说服他们。但我不确定，这种呼吁读者认识到进化的"恢宏"是否起了作用。尽管全然接受人类起源的进化故事的人也很多，但我相信"恢宏"之说尚无定论。

在伊恩·麦克尤恩的小说《星期六》中，与他同时代的主人公亨利·贝罗安在星期六花了一整天思考达尔文笔下耐人寻味的"恢宏"。贝罗安是一名神经外科医生，这天他起床后，"生命如是之观，何等壮丽恢宏"这句话反复在他头脑中涌现。他把这句话重复了三遍，想起了其中的缘由。昨夜，劳累了一天的他躺在浴缸里，把过度爱好文学的诗人女儿黛西寄给他的达尔文传记读了一遍。关于内容，他已经记不太清了——实际上，他并没有真正读过达尔文的作品，但是那句话在他脑海中挥之不去。他若有所思，琢磨是什么力量驱使这位伟大的博物学家写出其代表作的最后这句话：

和善、勤奋却身体虚弱的达尔文怀着对下至蚯蚓、上至行星周期的眷恋，向这个世界做了最后的告别。为了安抚那些反对人士的情绪，他甚至在后来的版本中提到了造物主，但是他显然不够虔诚。这本 500 多页的巨著真正得出的结论其实只有一个：生命的形态无尽美妙，从寻常篱笆灌木中蕴藏的物种，到人类这样的崇高存在，无不遵循着物理世界的法则，我们都是自然战争、饥饿与死亡的幸存者。生命的伟大就在于此。在人类有限心智意识的短暂特权中，这可谓一种令人振奋的安慰。[6]

我们虽然是自然战争、饥饿与死亡的幸存者，但我们所能展现的就只是"心智意识的短暂特权"吗？贝罗安一直在医学理论和实践领域埋头钻研，坦白已有 15 年没看过非医学类著作了，但他还是抽出了一些时间思考达尔文的作品。虽然他是个无神论者，这本巨著却让他联想到宗教。他想起诗人菲利普·拉金曾经在诗篇中述说，倘若他获召唤要"开创一种宗教"，他会利用水这种元素。

崇尚理性的贝罗安对拉金的解释并不买账，他心想，如果是自己被"召唤"去开创一种宗教，绝对不会用水：

……他会利用进化机制，还有什么比进化更好的创世神话呢？在无边无际的时间长河中，一代又一代物种通过微小的变化从无生命的物质中孕育出复杂生命之美，然后又受随机突变、自然选择和环境变化等盲目力量的驱使而不断演变。人类虽然避免不了生老病死的自然悲剧，但与此同时孕育出了智慧的奇迹，随之诞生的还有思想、道德、爱情、艺术和城邦——这一信仰的硕果就摆在我们眼前。[7]

这番话显然毋庸置疑，却难以让人提起兴趣。当贝罗安为了治病救人而四处奔走时，他看到了人们反对入侵伊拉克的大规模抗议，但奇怪的是，他乐于欣赏辩论双方的观点，因此对这场示威无动于衷。每当阅读文学作品时，他深邃的理性总会使其中的"魔幻现实主义"烟消云散，尽管其女儿黛西极力劝导。随着故事发展，贝罗安卷入了一场车祸，因而被司机巴克斯特敲诈勒索，这让他和家人身陷险境。

到了小说的高潮部分，巴克斯特闯入贝罗安的公寓，并用刀挟持其家人。他的女儿黛西被迫脱得精光，刚好巴克斯特发现了一本诗集，封面上写有"黛西·贝罗安"几个字。一时好奇，他让黛西读了一首她自己的诗。看到她还挺顺从，巴克斯特一时被诗中的文字迷住了，忍不住让她再读一遍。这时，贝罗安发现黛西并不是在读自己的诗，而是全凭记忆背诵着马修·阿诺德的名篇《多佛海滩》。巴克斯特对第二首诗听得如痴如醉，他的思绪仿佛已飘到九霄云外因而一时分心，贝罗安和儿子趁机将其制服，使其失去行动能力。这时一家人才意识到，黛西小时候背过的阿诺德的诗成了救他们一命的文字。

作者麦克尤恩显然想让读者好好思考黛西给巴克斯特背诵的这首特别的诗。仿佛为了强调其重要性，他在小说终章之后的两页放上了《多佛海滩》全文。这篇后记恰好呼应了讽刺地引用达尔文恢宏生命观的小说开头。这 37 行诗句，字里行间透出对于英国 19 世纪中期现代化浪潮来袭深刻而沉郁的反思。正如阿诺德所写：

信仰之海，

也曾有过满潮，像一根灿烂的腰带，把全球的海岸围绕。

但如今我只听得，

它那忧伤的退潮的咆哮久久不息，它退向夜风的呼吸，

退过世界广阔阴沉的边界，只留下一摊光秃秃的卵石。*

对阿诺德而言，世界已经改变，变得面目全非。多佛的海在咆哮，似乎只能"送来永恒的悲哀的音响"，充满奇迹和乐趣的现代"实际上却没有欢乐，没有爱和光明，没有肯定，没有和平，没有对痛苦的救助"。对亨利·贝罗安这位成功的神经外科医生而言，他所经历的一天也是如此。正如《星期六》中描述的那样，无论我们如何努力寻找确定感、欢乐与和平，现代的乱象终究会闯进生活。而那伟大的承诺似乎如多佛海滩上的潮退般，必然消失无踪。

生命的科学

阿诺德的诗在很大程度上反映了大众对达尔文的态度。"信仰之海"曾经布满地球，但因为进化取代了过往的确定性，今天我们只看到它"退潮的咆哮久久不息"。阿诺德笔下的《多佛海滩》早于《物种起源》发表，却在 1867 年才出版，那时达尔文的巨著已经撼动维多利亚时代的大半个社会。自那时起，这首诗被视为现代科学掀起的信仰危机的标志。而且麦克尤恩的小说告诉我们，这个危机并未消散。

我们暂时搁置阿诺德和麦克尤恩两位艺术派知识分子的情绪，继续追问：这种担忧是否并如何影响了更大的文化体？在美国，拒绝接受进化论是很常见的事情，人们可能会问事情何以至此。具有讽刺意味

---

* 诗歌译文引自翻译家汪飞白编译的《英国维多利亚时代诗选》（1984 年）中的诗作译本。

的是，有人直言不讳地指出，这恰恰是美国开明教育政策带来的后果。

虽然美国的免费公共教育一直处于领先地位，但这种学校的教育水平在进入 20 世纪之前其实不能与中学教育接轨。我的四位祖父母都生于 20 世纪之交，他们之中只有一位读到了八年级。然而由于美国开始授权建立更高水平的教育体系，学校规模得到扩展，对教师和教材的要求也随之提高。科学史学家亚当·R.夏皮罗（Adam R. Shapiro）在其著作《令人不安的生物学》中解释，当时植物学和动物学都是学校的基础课程，但教学水平的提升使纽约的教材出版社增加了其他科目教材的数量，他们还专门针对中学的生物课程提供新书。[8] 当地和区域的书商巧开销路，这些教材得以热卖，当时民众普遍对社会持乐观态度，与之一致，课本内容也特别强调将科学知识用于改善社会。其中一篇文章是乔治·亨特（George Hunter）的《公民生物学》（*Civic Biology*），其内容就映照出这种良好的趋势，并总结说我们如何用进化的原则改善社会。就此而言，《公民生物学》探讨了个人卫生、合理的社会行为甚至优生学。当然，这正是田纳西州代顿市代课生物老师约翰·斯科普斯所采用的教材。

大部分高中义务教育起初都只在城市学区出现，因此会有担忧的声音称很多教材与某些州农村地区的价值观相冲突，比如田纳西州，那里的人认为进化只是一个来源于"城市"的概念。夏皮罗也强调，在很多州，本地的学区和那些唯利是图的出版商会联手说服州政府把教材的购买权从个别学校夺过来，导致国家忽略教材，数场针对教科书内容的立法之战至今仍未平息。1925 年，田纳西州在这种情形下通过了《巴特勒法案》，于是，短短几个月之后，代课生物老师约翰·斯科普斯便遭受了审判。

1925 年在田纳西州代顿市对斯科普斯进行的"猿猴审判"被普遍认为是美国社会史上浓重的一笔。对很多美国人而言，"猿猴审判"象征着一场英雄式的斗争——理性科学与无知迷信针锋相对。这场诉讼在 1955 年被改编成剧作《风的传人》，改编的影视作品更是不下四部。当然，进化在那场斗争中只充当启蒙和理性的替身。该剧的编剧之一杰罗姆·劳伦斯（Jerome Lawrence）把这个概念搬上银幕，在一次采访中，他承认："如果把传授演化理论作为比喻，那么它就是一种可以操纵心灵的东西……无关科学与宗教之争，只与思考的权利有关。"[9] 在 20 世纪 50 年代的大环境中，适逢《风的传人》初次上演，这句话的道理也许已经在麦卡锡听证会上得到了体现。然而，近年来又有人旧事重提，往往只把这个案件作为美国宗教权力中政治力量的一份声明。

　　人们急于从"猿猴审判"中提取适用于当代的经验，却往往忽略了一个重要事实。在斯科普斯案中，《巴特勒法案》的序言宣称该法案旨在"禁止传授与《圣经》不同解释的人类进化理论"，但该法案并未禁止关于进化论的教学。相反，法案称，"凡在课堂上教授驳斥《圣经》创造论（又称神创论）人类起源故事的任何理论，认为人类是从低等动物分化而来的行为"都是违法的。换句话说，教授关于橡树、蜘蛛猴、鲸鱼和恐龙的进化过程是完全允许的，但智人另当别论！

　　令人难以置信的是，根据《巴特勒法案》，教师可以把达尔文的《物种起源》从头到尾讲授一遍，因为它并未说明人类的起源或血脉。研究达尔文的学者知道，他本人对上述问题的看法在《物种起源》出版近 10 年之后才公开。当然，约翰·斯科普斯被判违反《巴特勒法案》，虽然技术层面的错漏导致判决被驳回[10]，但该法案一直到 1967

年才被废除。

值得注意的是，《巴特勒法案》中的用语是许多州反进化论立法的代表，其中包括 1968 年在最高法院案件（埃珀森诉阿肯色州案*）审判中被否决的《阿肯色法案》。这项在 40 年前公投通过的法案也聚焦于人类进化问题，任何教授"人类是低等动物的祖先或后代的学说或理论"的人都被视为违法。回想一下，我们也许好奇这些法规的措辞为何会如此精准，只针对人类进化，而不是一般的达尔文进化论。毕竟如果这颗星球的生命史是通过进化来描述和解释的，那么人类自己的历史不也如此吗？

那些有组织的反进化论团体正好看中了这一点，也正因如此，他们强烈反对主流科学中与自然进化的历史叙述相一致的事物。这意味着争论宇宙大爆炸、地球时代、地质年代以及生命的非生物起源均不妥，就连讨论化石中包含任何物种或年代变化证据的概念都要遭到批判。他们从逻辑上认识到，如果科学可以为任何东西的进化提供证据，那么要把人类描绘成一种独特造物的计划将彻底破产。

然而大部分人的看法稍有不同，他们直接聚焦于人类这一物种。得克萨斯州的一次民意调查[11]被公认为反进化论情绪的温床，其结果展露了这种不同。得克萨斯州的投票民众被问及"生命是否自开天辟地以来就以毫无变化的状态存续至今？"。结果只有 22% 的人表示同意，68% 的人坚称生命会"随着时间的推移而进化"。这样的结果出现在这样的州不免令人吃惊，但这个问题有两个因素显然跟这个 3∶1 的比例关系很大。首先，这个问题并未提到人类的进化。另

---

* 1968 年，高中生物学教师苏珊·埃珀森（Susan Epperson）就阿肯色州禁止教授进化论的规定向最高法院起诉，埃珀森认为该规定违反了美国宪法有关言论自由的原则。

人类的本能

外，同样重要的一点，其中53%的人"支持进化"的答案内容为：生命"随时间推移，通过自然选择而进化，但要在上帝的帮助下才能完成"。[12] 只要没有提及"人类"，允许人们选择进化的答案，且并未否认其信仰的话，大部分得克萨斯州民众都会支持进化是由自然选择推动的。

当同样的民意调查组被问到人类进化的问题会发生什么呢？这个比例会突然改变。即使给出了"上帝引导进化"的解释，也只有50%的人认为人类随时间的推移不断进化，仍有高达38%的人坚持"上帝大约在1万年前创造了现在的人类形态"。当被问及一个更直接的问题时，起初的支持态度则变为彻底的反对：我们所知的人类真的是从早期的哺乳动物进化而来的吗？只有35%的人表示同意这种说法，不同意的比例高达51%。

毋庸置疑，几乎所有进化论的反对派都受到宗教的影响。对这一问题的简化分析可能暗示，如果没有宗教的干涉，美国民众对进化论的接受程度就能上升到与如今渗透欧洲世俗文化的进化思想同等的水平。但这就是在假设，我们追求的结果不过是对进化论的接纳而已，无论这种接纳多么勉强，同时也假设了世俗文化对于生而为人的意义会有更好的理解。我不确定此种假设是否立得住，但在众多崇敬达尔文思想遗产的人中，仍然存在一种悲观主义思想，一种对进化论最终所传递信息的深深不安。对持悲观态度的人而言，进化论推翻了人与动物之间一度明晰的分界线，它告诉我们，人类并非屹立于生物界顶端，进化给我们带来的遗产并非来自神祇，也不源于繁星，而是由生存、机遇和繁衍的严酷挑战所书写的一篇苦难史。由此可知，进化其实也许有几分道理，但没有把我们带往聚集着高贵人类的理想天堂，而是把我们拖进了斗争和冲突的泥潭。对亨利·贝罗安这个虚构人物而言，这可能只是当代世俗现实的一部分，并不是什么新事物。事实上，这个负面趋势从一开始就是进化思想体系沉重包袱的一部分，而且早已由进化论的其中一位创始人阐述出来。

华莱士的疑惑

所有的创世神话都在阐明一点：人类的独特性，和人类依靠独特叙事来解释自身由来的需求。不论这些创世神话是建基于亚伯拉罕诸教的伊甸园，还是霍皮族的圣山，进化论的观点都破坏了其根基。进化论告诉我们，人类并没有这样的独特故事；其他生物靠着正常的遗传、环境和选择途径繁衍生息，人类的起源也是如此。通过这样的途径，进化论扫清了这些故事，促使我们探索作为人类与生俱来的关怀、智慧和希冀。在这个探索过程中困惑重重的人就是进化论的创始人之———阿尔弗雷德·拉塞尔·华莱士。

作为生物学领域的研究者，华莱士和达尔文在自然选择使生物进化的理论方面都做出了巨大的贡献。达尔文之所以把长期以来"隐忍不发"的自然选择理论公之于众，是因为华莱士的一封书信，两人于1858年联合发表论文，一年后达尔文的《物种起源》面世。华莱士是自然选择研究领域孜孜不倦的捍卫者，实际上他先于达尔文提出人类源于进化。他写于1864年的论文《人类种族的起源及古人类在自然选择下的演化》追溯了人体生理演化和塑造其他物种的进化力量。然而，华莱士坚持认为，人类文明的发展改变了进化的规则。迈克尔·舍默（Michael Shermer）在他撰写的华莱士传记中描述了这位博物学家对此的看法："一旦大脑进化到一定程度，自然选择将不再对身体起作用，因为人类现在可以操纵环境。"[13]

这个观点本身而言没有什么太大争议，但几年后华莱士的研究更进一步坚称某些独特的人类属性不可能通过自然选择产生。他注意到，即使"最底层的人类种族"也拥有践行欧洲文明特有的高级文化艺术和科学技术所必需的精神特质。他想知道，当这些特质对那些"处于最低文明状态"的人类族群没有用武之地时，自然选择是如何产生这些特质的。他写道，除非达尔文能够向他表明，精湛的音乐技巧等技能可以为动物的生存斗争提供帮助，否则"我肯定认为除了自然选择，其他力量也会促进生物进化"。[14]

华莱士坦率地写下："一个器官的进化速度怎能超越它的宿主？自然选择只能赋予野蛮人一个比猿猴稍微聪明的大脑，他有一个这样的脑袋，智慧却比不上我们所知的社会中的一般成员。"[15] 华莱士晚年成了唯灵论者，他孜孜探索许多科学难题，但舍默指出，华莱士的论证并非出自这些疑点，反而是基于"自然选择未能解释对人类本性本身至关重要的各种特征"。[16]

我们渴望探求人性，希望找到仍然存留的独特之处。但进化难道没有贬低人性的价值吗？从语言到艺术创造，再到高尚的道德准则，这些我们如此珍视的品质不过是由竞争和生存推演而来的，难道进化没有明述吗？对进化问题疑惑不解的读者中，其实只有对这个理论真正热忱的少数人会去谈论两栖动物到哺乳动物的演进，或者脊椎动物的身体结构演化。然而，彻底扰乱很多人思绪的是人类进化的概念。这种说法认为，人类诞生于泥泞之中，祖先是"猿猴"，对美、爱情和道德的感受都是大自然的腥牙血爪、弱肉强食刻画出来的。在这部分人看来，这就是一种严重的侮辱和贬低。

时至今日，那个曾经困扰着华莱士的难题也让某些科学家忧心忡忡，比如人类基因组计划负责人、时任美国国立卫生研究院院长的弗朗西斯·柯林斯（Francis Collins）。他给出了一个普适的"道德律"，这是所有人都能理解的对错概念，不论他们的文化背景如何。在进化的层面，他认为根本无法解释这种道德律，即平日舍己为人的行为。因此，柯林斯和华莱士都相信只有上帝的力量才能把这些高贵的行为准则施加于人类。[17]

接受人类进化的概念，相比单纯否认创世神话要困难得多，华莱士如此认为，对很多人而言也是如此。这会打击他们的基本认知，不知进化成人有何意义。华莱士和柯林斯的疑问不在于进化的准确与否，而在于它无法为人类的定义提供一个完整而令人满意的解释。对于他们，对于众人，自然选择这股原始而简单的动力推动着进化，似乎也没有说明人类生活和思想的深度和复杂性。所以我们还需要其他说法。

令人害怕的信条？

进化威胁到人类对于人性的传统定义的说法得到了广泛的认同。心理学家塔尼亚·隆布罗佐（Tania Lombrozo）在《波士顿评论》中如此描述这个问题：

> 人们觉得把自己定义为动物，就是把人看作野兽，人类进化强调的是人和（沾不上边的）蟑螂远亲连续不断的关系……非人道行为其实就是把动物的特征和人关联的体现。它否认了人的独特性、部分主观能动性以及道德考量。这段与其他动物（甚至植物和细菌）共同编写的进化史也许撼动了人与非人生物之间的界线，这个分水岭似乎维系着我们所需的"独特性"。[18]

　　　　　　　　　　　　　　　　　　　　人类的本能

隆布罗佐博士进一步描述了一项研究，他将问题推向大学生群体，他们被问及接受进化是正确的会如何影响社会和个体。[19] 考虑到该次调查中大学生的意见不一，既有全然接受的，也有全盘否定的，人们可能会认为，支持进化论的学生会将之视为一种积极的趋势，支持创造论的学生会认为这是消极的现象。但结果出人意料，所有的学生都"以一种不得人心的方式看待接受进化论原则产生的后果：自私和种族歧视会愈演愈烈，致使精神逐渐萎靡，使命感和自主性也会不断淡化"。例如，有83%的创造论支持者和进化论支持者都认为，这个理论会强化自私的行为。同样，两组人都认为进化论削弱了一个人的使命感，并相信信奉进化的人更有可能产生种族主义情绪。

此项研究表明，因为宗教而排斥进化论的人都认为进化的概念会破坏社会结构，但有这种想法的不只这个群体。其中的代表人物是小说家、评论家玛丽莲·罗宾逊，她著有《莱拉》《管家》《基列家书》等名篇并荣获普利策小说奖，但她对于进化论对西方社会文化造成的影响深感不安，这种不安感体现在她的著作《亚当之死：现代思想论文集》中的一个关键词"达尔文主义"上。虽然罗宾逊称其为"达尔文主义"，但她对进化论本身的科学批判并不感兴趣。她给达尔文的作品冠以"令人瞩目"的赞誉，表明进化"这种随着时间的推移发生在生物体内的变化古已有之，并且有所记录"。[20]

但让罗宾逊备感忧虑的是，达尔文理论打着科学的旗号所背负的极大包袱。尽管她并没有批评"演化现象"本身，但她将"达尔文主义"定义为"一种对演化现象的诠释，该诠释声称驳斥了宗教，且包含了一种与犹太教、基督教所设立并授权的假设相悖的个人和社会伦理"。[21] 罗宾逊明确指出，那些"假设"其实涵盖了西方文化关于个人价值甚至科学本身智力资源的根基。

不管是真是假，她同时阐明了自己的看法，认为一直强调竞争和生存的进化论是"令人害怕的信条"。她把进化归结为原住民灭绝、个人价值被漠视的原因，甚至认为进化论就是导致人类的生命、思想与创造力价值大幅下降的祸端。其著作的书名《亚当之死：现代思想论文集》就表明，人类进化概念的出现取代了一度作为人类起源的解释——亚伯拉罕诸教中的创世与人类堕落的故事。但她认为，遗失的东西已经从创世神话蔓延到人文价值和人类文化的核心。有一位评论者明白了罗宾逊的担忧，引用书中的话语如此写道：

> **罗宾逊认为**，问题在于"发生在这颗星球上的一切，简而言之，就是一种我们称之为'生命'的化学现象意外占领了一块充满水分的石头"，或者用一位成就卓越的社会生物学家的话说，"生物只是DNA（脱氧核糖核酸）用来制造更多DNA的途径"。不妨想一想柏拉图、巴赫、牛顿、伦勃朗、莎士比亚，然后深思"只是"二字的含义。[22]

对罗宾逊而言，如果人类只是DNA的载体，只是为生存而盲目斗争的产物，只是一群意外占领了海洋和土地的殖民者，那么艺术、音乐、文化以及科学的每个零碎的片段都会显得毫无意义，一文不值。她写道："当现代的思想宣告亚当已死时，它就是文明被毁的反映。"[23]

生物学家可能说一句"你已经进化了，所以面对现实吧"，就能轻易地把所有的烦恼放在一边。如果人类祖先和人类自然史的问题都如此利害攸关，那么我也会选择承认这句短小精悍的解释。但有些广受关注的进化论支持者已经研究颇深，并提出了一种备受科学支持的观点：人性不过是原子的意外组合，而原子聚合成分子，又在人类身体里产生了各种价值、目的和意义存在的假象。著名生物学家理查德·道金斯有一句名言："我们所观测的宇宙恰恰具有我们理应料到的特质，就其根本而言，无所谓设计，无所谓目的，无所谓善恶，只有盲目而残忍的冷漠。"[24]

人们相信有一种信念在文明初开之际把人类团结起来，道金斯的宇宙观显然与之不符，他认为我们的存在才是根本。创世神话由此从这些思想中萌发，它们联结社会，把艺术、音乐、文学和科学集中。毕竟，理解的动力并不全都来源于对科学知识现实意义的期望。单纯的求知欲，以及因为理解所产生的满足感和喜悦同样重要，是因为相信人类的理解就是我们的目标，甚至是我们的命运。

人类进化是否为如此高尚的论断提供支持？在很多人眼中并非如此。我们可能认为自己在动物王国中高高在上，但在生物学家眼里，灵长目动物只是茂密丛林里的一个小分支。从历史的角度看，人类是晚近才出现的物种——我们就像是地球的"马后炮"方案，如果把自然史看作只是为了一手缔造人类的过程，未免太武断。

天文学家奈尔·德葛拉司·泰森解释："如果宇宙的存在是为了创造人，那么整个宇宙体系的创造效率将会低得令人尴尬。如果其进一步的目的是创造一个富饶的生命摇篮，那么我们的宇宙将会以奇特的方式把这个过程展现出来。地球上的生命已经存在了35亿年之久，一直备受大自然的混乱、死亡和破坏困扰。火山、地震和气候变化、海啸、风暴造成了生态破坏，尤其是致命的小行星撞击，把曾经存活在这颗星球上的99.99%的物种都灭绝殆尽。"[25]

不妨这样看待问题，人类进化的环境把我们降格为普通生物，我们只是这个不可思议的星球上众多生灵中的一员。进化心理学也许能解释为何我们认为自己很重要，这种假象有其生存价值，进化本身却认为我们不重要。斯蒂芬·杰·古尔德写道，在这个寒冷、严苛的世界，我们和我们最珍视的特质都绝非必然：

> 就算进化过程可以预测，人类也并非这个过程的结果，而是宇宙偶然所得；如果人类是一颗可以重新种植的种子，那也不过是生命大树中横生的小枝，而且它或者任何有所谓意识特征的枝条肯定不会再生。[26]

对古尔德而言，留给人们的疑惑是，即使我们努力寻找生活中的恢宏壮丽，也只是宇宙之后添加的假象。

意外的物种

如古尔德所言，这棵生命之树似乎并没有任何孕育人类的打算。进化的历程不可预测，所以我们是不折不扣的"意外物种"（偶生种）。这正是英国古生物学家、进化生物学家亨利·吉著作《意外的物种》（*The Accidental Species*）的书名。在书中他写道："人类没有任何独特之处，跟一只豚鼠或者一棵天竺葵一样平平无奇。"[27] 亨利·吉知道，其实如果科学故事的作者不是人类，而是其他生物，那么它们看待事物的视角将截然不同：

> 长颈鹿科学家的笔下无疑会书写在颈部变长方面的进化过程，而非关注大脑的进化或制造工具的技能。人类的自我优越感到此为止。如果这不够羞耻，那么细菌科学家会完全把人类抛诸脑后，只

人类的本能

会惦记着它们舒适的滋生地，即那些专门为细菌生存而设的脏乱之地。现在，问问自己——至少从叙述的层面而言，这些故事中哪一个更有理有据呢？[28]

亨利·吉表明了《意外的物种》一书的读者导向，并指出其关键主题之一：

> 有些属性有时总被视为人类独有，在此我将长话短说。双足行走、科技、智慧、语言，还有感知或自我意识等都让人类自以为一枝独秀。事实证明，经观测发现，至少一种或多种非人物种身上十有八九都存在这些属性，或者说，如果在研究这些属性时考虑到人类会偏袒自己，就会发现其实它们与任何生物的任何特征相比都无特殊之处。[29]

显然，我们必须了解一个真相：至少在某些方面，我们拥有的所有人类特性在其他动物身上都存在。语言、技术和自我意识都非人类特有。因此，相比其他生物，人类确实没什么特别之处。

为什么我们会以自己的方式思考和行动呢？当然，这是因为我们的大脑让我们获得了一系列其他动物无法获取的数据和感官体验，并且可以衡量信息，以及靠理性、常识和个人偏好来决定自己的行为，对吧？也许并非如此。如果行为特征和行为倾向本质上是基因使然，即它们可以被遗传，那么这些特征就像其他特征一样会受到自然选择的影响。简单来说，就是进化塑造了大脑，塑造了这个思考和感受世界的工具。

人类行为可能没有什么值得大书特书的部分，直到进化心理学的出现，从而可以对特定的行为做出解释。就在几年前，一项研究恰好针对这个方面给出了答案。像我所认识的许多男性一样，我也视孩子为我生命中最珍贵的宝藏。虽然也有许多反例，但我很荣幸能够认识众多模范父亲，他们一直以来都是我的榜样。他们对孩子的关怀养育无微不至，对换尿布、准备三餐、打扫收拾这样的家务也不在话下。最重要的是，父亲的行为对孩子的生活有着稳定而积极的影响，为儿女成长过程中的快乐和丰富的生活奠定了基础。如果你问他们中任何一个人为人父的感受，几乎都会得到一个肯定的答案：在参与孩子的生活前，他们做了深思熟虑的选择。部分男性会认为这份贡献是在为自己而做，有些则认为是为孩子的最大利益着想，还有些会说这对配偶和夫妻关系而言是最好的选择。但有一点大家都会同意：他们做出了选择。

然而不久前，一篇文章传诵一时，其大标题告诉这些男性，这一切全是假象。选择并非他们所为，而是进化使然。他们之所以会对子女关怀备至，其真正原因是睾丸的大小，因为它们的体积太小了！睾丸大的男性根本不会陪伴在孩子身旁，他们忙于追求其他女性，想方设法到处传宗接代。这也是基因让他们做出的选择。

这个接受度很高的解释来自 2013 年一项关于睾丸大小与抚养子女的研究，该研究发表在极负盛名的科学期刊上，引起了热议。[30] 在通读并浏览数据之后，我发现从纯统计学角度用"睾丸小等于好爸爸"的论断做文章有点儿不可靠。但这还不是关键，论文的作者努力把生理特征与行为特点关联起来，至少发现了一些有趣的内容，其中较为突出的是他们解释了这种联系的源头，即它为何存在。明确地说，研究者宣称找到了性腺质量与儿童保育两者之间的进化原因。

　　　　　　　　　　　　　　　　　　　　　　人类的本能

他们指出，"进化优化了交配或育儿的资源分配，以此最大限度地提高生物的适应性"，并开始寻找"人体结构和大脑的功能能否反映交配和育儿之间投入的权衡"。结果如其所愿。基于这个特殊的例子，你可能会说进化心理学已经找到有些男性成为模范父亲的"真正"原因，以及有些男性一再追求异性，漠视家庭的原因。我可以想象一个不忠的丈夫口中说着"亲爱的，我就是忍不住，都是那两个可恶的睾丸惹的祸"。而且我当然可以想象得出，当妻子听到这些话从我口中说出时，她会作何反应。奇怪的是，研究人员觉得没必要对男性的婚姻忠诚度展开实际调研，看看它是否符合预期。也许他们觉得关于进化需要的故事已经让人折服，无须再去测试。

从某种意义上说，进化心理学是直观的科学，旨在揭示某些塑造人类行为的强大力量。它往往运用实证测量（睾丸大小就是一个典型，但有效育儿的证据不那么明显）来构建以进化为基础的解释（长期生殖适度的最大化）。人们有望通过这种方法为行为科学中从个人到社会的基本问题提供有价值的见解。此学科当中的一位践行者甚至建议用进化心理学的成果，依照合理的演化法则重新设计美国城市的社会结构。[31] 但从另一个角度来看，进化心理学认为我们最私密的思想、我们的目标和价值甚至道德其实都并非我们所有，而是千万代自然选择的加工品，产生了超越可控范围的力量。

该文章中的解释比比皆是，都是从进化优势的角度阐述智力、种族、性取向、道德和宗教信仰。在 2009 年的一次学术研讨会上[32]，进化心理学奠基之作《社会生物学：新综合理论》的作者爱德华·斯隆·威尔逊在幻灯片上展示了位于伊利诺伊州莫林的约翰迪尔公司总部及其周围优美的景观。威尔逊好奇为何我们会觉得灌木丛生、湖泊环绕的大草坪特别吸引人。他给出的答案是，这片景观与更新世的环境相似，进化衍生了人类，塑造出其行为、喜恶以及审美。显然，史前的祖先真的对延绵起伏的草坪、修剪整齐的花园以及跃然舞动的喷泉情有独钟。

如果这种描述有点儿言过其实，那么不妨想象为何我们会喜欢莫扎特多于萨列里，为何我们会鄙视恋童癖，为何人类社会会把大多数男性捧上领导之位，未来的进化科学会给我们一个明确的答案。这正是威尔逊在其 1998 年一本里程碑式的著作《知识大融通》中提出的一项计划，它为进化项目的未来做出了承诺。实际上，这本书是想让人类学和社会学领域的同僚们统统让路，因为进化心理学家正逐渐接管这个学科。也许只是时间问题。

然而，如果进化心理学可以为我们的每种价值、品味和判断提供真实的原因，那我们的自我感觉、我们作为人类的意义的概念又将栖身何处？相信不会是一个很好的位置。

届时，生物学将成为一种全能的工具，将人类形形色色的文化、艺术、信仰、哲学、希望和恐惧都放入一个由进化规律构成的简易生物学篮子中。我们不再用美学术语，转而用吸引异性的效果来解释艺术和音乐；宗教也不过是部族之间生存斗争的产物而已；鉴赏伟大的文学不再与情节或风格挂钩，而是一堆无意义的故事，纯粹为了激发人们久远而野蛮的潜意识。

何为好生活？何为真理？何为正义、道德和伦理？在最极端的"达尔文主义"世界，这些都无足轻重。道德本身不过是一种社会结构，而我们的道德行为感只是一种进化而来的社交润滑剂。只有在生存斗争中有价值的东西才是真实和正确的。开发一套伦理哲学将毫无意义，因为进化已经在我们的头脑中植入了一套强大的伪伦理，这个系统只服务于生存和繁殖成功的残酷需求。

达尔文式思维

如果某些进化心理学研究者的说法不足以打击人类的自负，那么我们也有可能控制不了自己的思想行为。从进化唯物论的运用，到我们称为大脑的器官，都在不断施加挑战。如果大脑和"思想"是一回事，现代神经科学让我们别无他选，只能认为它们是一体的，那么精神上的自我就是神经系统所创造的事物。当然，神经系统也是自然选择推动下演化的产物。

萨姆·哈里斯认为，自由意志是一种幻觉。决策不是自主选择得出的，其背后有一系列不可控的力量和心理事件在主导，甚至对自由行为的信仰也不过是进化在大脑中设下的圈套。哈里斯认为，我们只能将此认作事实，"虽然知道我们最终会被操纵"[33]。我们就好比一辆无人驾驶的汽车，运行着一个自己从未编写过的程序，无法操控，甚至无法感知其存在。

达尔文自己也担心自然选择塑造大脑时会出错。"可怕的质疑总会出现，"他写道，"从低等动物进化而来的人类，其思维信念是否具有价值，是否值得信赖？如果这样的头脑中产生任何信念，那么同理，有人会相信猴子的想法吗？"[34] 这是一个好问题。我们会相信猴子所想的吗？我们该不该相信自己的想法？

如果人类的身体只是一台为生存而造的机器——为了保存和传播体内的基因，那么可以肯定的是，其设计中有一部分就是大脑本身。如果大脑只是那台机器的组成，那么它就不是为真理和美而存在，而是为成功生存和顺利繁殖而推演出来的原始部件。

我需要明确一点：我不相信进化科学的核心能否定人类的信念和信仰，将它们贬损为仅仅是生存斗争的副产物；我不相信进化会告诉我们，人类的行为早已注定，抑或我们没有自由意志；我不相信它能把我们降格为普通动物，降格为一种愚昧的存在，或一次自然的意外。它也没有说，我们的生命漫无目的，毫无意义。

　　我们与自然古已有之的深切联系并不会破坏我们独特的人性，如果把人文智慧的生命比作心脏，进化不是插在心脏上的利刃，也肯定不是罗宾逊曾经嗟叹的"亚当之死"。我们对于这个大千世界和自己家园的见闻很多，这种说法可以算是一条最好的消息了。为了解释我相信这种说法的原因，首先我会探索进化本身的过程，并努力抓住一些人之所以为人的最私密的细节。那里会有很多惊喜等着我们，其中最重要的是，时移世易中，进化本身让我们理解到自己的实际定位。人类肯定是达尔文主义所描绘的缤纷河岸的一部分，也是有能力跨越这个河岸的唯一生物。

第二章

所言非虚

进化论扮演着神圣的角色，它向人类发出严正的宣告，很多人对此只有一种反应：全盘否定。实际上，美国本土如今就出现了一种小规模产业，专门为进化论的反对派提供支持，包括图书、视频、讲座、网站甚至琳琅满目的博物馆。可能有人冷嘲热讽，把反进化论的专家当作一群油嘴滑舌的骗子，说他们只是为了金钱和一丝半点儿的名气。事实不止于此，反对派的信徒就像羊群，被虚假宣传和现代卫道士领上了歧途。他们心中的许多忧虑都是真实的，他们对达尔文主义的恐惧深入骨髓，为了寻找可以反驳进化论的证据而不顾一切，这样的举动是如此真实，如此由衷。

不久前，我亲历了这种愤怒。我面向一群大学生开了一个关于进化论的讲座，并设计了问答环节。一名学生走到麦克风前向我提问，我能从他的眼神中看出他的紧张。在此之前，大多数问题都很友好，有的要求我展开阐释一个观点，有的则希望我对一些之前略过的问题发表评论。但这名学生所问的明显不同。当晚的大多数学生都是进化论的支持者，有几位表示中立，也有几位只是想从导师那里获得一两个额外的学分。当这名学生称呼我为"先生"时，我就知道他要提一个准备已久的问题。

"如果我们是从猿猴进化而来，"他一字一句地说，"那么为什么猿猴至今仍然存在？"他停顿了一下，脸上闪过一丝冰冷又不失礼貌的微笑。

我回敬以微笑。其中有几位教师听众也笑了起来。笑声过后，大部分人继续安静地屏息聆听。

我很清楚标准答案，有那么一瞬间，我想把这个答案说出来。进化并没有阐明我们起源于猿猴，或者其他延续至今的灵长目动物。相反，目前的证据表明人类和猿猴以及其他生物都有一个共同的祖先。但那名学生以为他已经难倒了我这个"进化论者"，我决定借此机会找点乐子，采用我和很多同行多年来回应这个问题的答复。

"我待会儿回答你的问题，但首先我有一个问题想问你，新教徒从何而来？"

"什么？"他喃喃道，似乎听不懂我在问什么。他脸上仍然挂着微笑，但已经慢慢消去了一点儿。

"实话实说，"我坚持问道，"新教徒从何而来？"他听罢迷惑不解，我决定给他一些提示："想一想，马丁·路德、钉在教堂门上的《九十五条论纲》、宗教改革。拜托，所有文章里都出现过这个答案。"

"我猜，他们是天主教徒的分支。"他说出了这样一个答案，然而对于我为何提出这个问题仍感茫然。

"那天主教徒还存在吗？"我追问。现在他明白问题所在了，观

人类的本能

众也听懂了，笑声随即响彻整个讲堂。"当然，后来从基督教演化出两个重要的分支，就是我们如今所称的天主教和新教。"我的答案过于简略，这样的版本似乎亵渎了宗教史，但看来没人在意，因为我已经阐明了要点："灵长目动物的演化过程也如出一辙。现代类人猿是由数千万年前的古猿分化而来的，而我们就是其中一员。"听罢，那名学生坐下，但明显对我的答案，或者说对我本应做出的解答感到失望。

进化不是一套猴子变成人、小猫变成狗的魔术，它是一个物种多样分化，并持续不断多样化和分化的过程。猿猴和人类所属的灵长目动物谱系也不例外。认为猿猴"仍然存在"是种错误的看法，因为今天的猿猴跟我们一样，经历了重重演变而来。因此，我们祖先的起源并未追溯到猴子、黑猩猩或任何现存灵长目动物身上。相反，生物的多样性如此宏伟而永恒，它用生命的火焰照亮了这颗星球的每一个角落，而我们只是其中的一点儿火花。

我很确定，这名学生并未因为这个关于猿猴问题的明智答复而就此接受进化论的思想。可想而知，如果明年他再次起身向另一位讲授者或教授提出疑问，他仍然会想出别的意见来反驳进化论。像许多人一样，他会想尽一切办法拒绝跟一个可能颠覆自己世界观的概念打交道，更何况是一个摆明人类起源于普通动物的概念。坦白讲，他完全有权提出这样的质疑。让我们拭目以待，了解本书能否预先或立即回应这种质疑。

科学的叙事

我们如何得知？如何能确定科学的叙事——人类演化的故事是真

实的？也许有人会说，达尔文的故事就是空中楼阁，它可能是凭借散落在各处的几根骨头、几颗牙齿，加之各种一厢情愿的想法构建出来的故事；它可能只是一个哲学概念，源于人们不顾一切地想把"达尔文主义"捧上科学高位的渴望。或者正如很多人所希望的那样，也许进化论并不属实！

可以肯定的是，科学不是永远确凿的真理，世上并不存在无可挑剔的理论，我们都该以合理的怀疑态度对待科学证据的一点一滴。如果人类有一技之长，那么就是把事物合理化的本领，我们要牢记这一点。我们构建符合自身信仰的故事，为了佐证这些故事，我们埋头搜寻零碎的证据。所以，进化故事本身是否可能建立于纯粹的推测，并希望找到一个不起眼的答案，来解答人类起源的问题？一切皆有可能。但相比于许多人意识到的，人类进化的故事其实扎根于一个更坚实的基础之上。很多人认为我们找到的只是支离破碎的化石证据，但合乎逻辑的起点正是基于化石。

穿越坟场

化石出土无疑带来了希望。对多数人而言，人类进化最直接、最容易理解的证据就是在化石上找到的。一名勇敢而年轻的科学家小心翼翼地捧着一个远古头骨，有什么比这一幕更加激动人心？诚然，在过去几十年里，几乎每年都会发现新的化石，人们满腔热枕地认为这些惊人的发现填补了人类文明"缺失的一环"，对理解人类进化而言，是一种"革命性"改变。撇开这种以炒作为目的的夸张言辞不谈，我们确实需要探史前人类的化石记录究竟还有多少？它给我们留下质疑的空间了吗？

　　　　　　　　　　　　　　　　人类的本能

作为进化论反对派的一员，你可能会首先辩称，这些零星出现的化石使得现代人和所谓人类祖先之间的差距如此凸显，以至于我们无法在二者之间建立进化所需的明确联系。换句话说，为什么不干脆否认任何看起来像是人类祖先化石的存在呢？在某种程度上，这种批评思路使我们回想起那些只有极少量化石标本可以证明物种历史的日子。最早被发现的是爪哇猿人，但只有一个头盖骨。之后，尼安德特人的化石出土，但那根本不是人类的祖先，只是与人类祖先共存过的另一个物种。然后是皮尔当人的头骨，结果是假货！[1] 当然，还有北京猿人，但在二战期间，所有北京猿人头盖骨化石都神秘消失了。如此说来，缺失的一环到底在哪里？

其实今天的我们正面临古人类和古猿化石数量过多的尴尬局面。雷蒙德·达特和路易斯·利基等无畏且幸运的先驱完成了最初的重要探索，之后研究逐步展开，研究者渐渐明确应该去哪里以及采用何种方式挖掘化石。这些新的标本出土后来到了古生物学家手里，然后被送入博物馆，写入科学文献。在这个过程中发生了两件事：第一，人类史前史的数据量急剧增加，由此填补了时空的断层，古今的联系变得更加清晰，随着标本数量的增加，个体标本被置于整个种群的背景下进行研究；第二，既有分析工具的功能越发强大和复杂，依靠成像设备，我们能前所未有地分析古人类头骨这样复杂的形体结构，计算机数据分析也实现了化石样本之间的客观比较。在许多情况下，可以依靠 DNA 测序直接进行分析，在远古生物和我们之间进行精细的对比。

史前人类化石标本一度非常稀有，古生物学家无奈地要把它们放在一条进化线上做分析，再逐步推演到智人。然而，不久之后，随着史前人类化石标本陆续被发现，事情便发生了变化。当初笔直的进化线演变为一棵布满分支的进化树，智人的"辉煌"历史把这段曾经描绘着人属动物多样化谱系的往事变成了一段诉说唯一幸存者的故事。

但是，难道人类就不是"一脉相承"的吗？也有一种说法认为史前人类化石之间的联系不过是一种推测出来的概念，我们能否将之完全摒弃？当然，化石本身就是实证，不是理论，也非推测。每一块化石都为曾经存活在世的生物提供了物证，正如今天的你我。如果我们认为它们不是人类祖先或者血亲，那么该如何看待这些生物呢？最起码这些生物都在过往的某个特定时间、通过某种不可思议的方式来到世上，却蓦然灭绝，未曾留下任何后裔。更重要的是，我们必须把所有化石标本利用起来并明确分类：只有猿猴和人类，两者之间不掺杂任何物种。我们能做到吗？化石记录中的断层是否大得足以分割整个人类谱系？我们拭目以待。

身首之骨

虽然最古老的史前人类化石将人类的起源定格于非洲，但数十年来，科学家一直好奇早期人类是如何从非洲迁移到亚欧大陆的。这三大洲的交汇处附近可能就是一个合理的起点。幸运的是，格鲁吉亚的一个弹丸之地恰好就是这样一个起点。

数十年来，考古学家一直在研究格鲁吉亚的一个小城德马尼西，并得知它就是一处中世纪早期的人类遗址。经挖掘，人们发现了大量有趣的建筑和文物，甚至发现了一座建于 6 世纪的东正教大教堂。1983年，挖掘德马尼西遗址的工作进展顺利，当时出土了一件非同寻常的化石。那是一块至少生活在 100 万年前的犀牛（一种早已灭绝的格鲁吉亚古犀）的颚骨碎片。难道它们曾经生活在黑海以东 200 千米附近的地方？由此可知，也许德马尼西遗址比中世纪的建筑还要古老得多。

事实确实如此。考古学家继续深挖，发现了更多的骨骼化石，同时也出土了更多精美的人造工具——石器。难道早期人类曾经在这里安营扎寨？如果是，那是多久之前呢？人们普遍认为人类在 100 万年前还未踏出非洲，因此确定这些化石和工具的确切年代尤为重要。

这时，德马尼西的地质状况帮了考古学家一个大忙。遗址范围内有四层凝结的火成岩，恰好是一种适合年代测定的岩石。熔岩冷却时会封锁内部元素的放射性同位素，以及熔岩结晶时地球磁场的可测量记录，这两种物质都可以确定岩层形成的年代。德马尼西化石的测量结果确凿无疑：这批化石与石器已有 180 万年的历史，与在非洲发现的标本的时间相当。那么，这些工具的制造者是谁呢？

直到 1991 年挖掘遗址的最后一天，这个问题的答案才揭开，工作人员在现场发现了一块带有牙齿的近乎完整的颌骨，形状十分接近现代人和现代类人猿。随后在一次科学会议上，这块颌骨第一次呈现在世人面前，人们的第一个反应就是怀疑和质疑。这种像人类骨骼一样的化石真的早在 180 万年前就存在了吗？人类的祖先真的有可能那么早便走出非洲了吗？这两个问题的答案都是肯定的。1999 年，工作人员在遗址中发现第一批头骨，而它们就是人类学家所称的古人类，人类和其祖先都属于这一范畴。其脑容量为 600 毫升，比现代人类的要小，比南方古猿的大，显然符合古人类的定义。在物证越来越确凿的情况下，人们又发现这些头骨并非唯一。

随后数年，德马尼西遗址陆续又出土 5 个保存完好的头骨，这意味着同一时期有大量的古人类生活在这个区域或附近区域。[2] 与此同时，考古学家也出土了其他骨头，也可以确定它们所属生物的大小和身高：它们站立时身高为 1.4～1.5 米，体重为 40～50 千克，会制作原始的石器，脑容量约为 550～750 毫升。

其中一块头骨于 2005 年被发现，其结构和质量尤其引人注目。德马尼西考古项目组的首席科学家之一，戴维·洛尔德基帕尼泽（David Lordkipanidze）花了 8 年时间研究这块被命名为"5 号头骨"的文物，并于 2013 年将其结果详情撰成论文发表在《科学》杂志上。[3] 其中最有趣的是，虽然之前的 5 个头骨存在于同一时间、同一地点，但也出现了一系列的形态差异。考古人员认为，如果它们是分别被发现的，那么每块头骨就有可能被归为不同的人属物种，然而如果把这些头骨结合起来，恰好能揭示一种人类演化观：这段单一而多变的谱系把人类历史的过去和现在联系起来，无论是眼前出土的化石，还是更早的化石记录，都是这段谱系的阶段之一。一些考古专家对此并没有定论，认为演化成人的证据远不止头骨形状和颅容量。事实上，这些远古证据的特点"组合"也逐渐人类化：人体独一无二的尺寸和形态，（相比其他类人猿）更长的双腿，饮食中增加摄入肉类，消化系统更小，以及男女之间越发接近的体形。显然，上述特征并非一蹴而就，而是分别进化形成的，以至于某些科学家认为在 150 万～200 万年前出现了 3 个不同的人属物种。[4] 人们显然没有了解事实的全貌，因此有待更多发现，古人类学的研究往往必须掌握更多证据。

还记得之前说过，否认这些化石的故事与承认它们的存在一样引人入胜。我们能否用德马尼西头骨的研究结果佐证它们根本不能为人类进化提供支持？进化论的反对派尝试过。创世研究所是美国最大、最具影响力的反进化论组织之一，洛尔德基帕尼泽在《科学》杂志上发文后不到一个月，该研究所便发了一篇题为"类人动物化石群震惊科学家"（Human-like Fossil Menagerie Stuns Scientists）的文章。作者布莱恩·托马斯（Brian Thomas）和弗兰克·舍温（Frank Sherwin）认为，德马尼西出土的只不过是普通的"人属物种头骨",并称像尼安德特人和克罗马农人这样的人属物种"现在必须从教科书中抹去"。[5]他们甚至写道,人们现已证实南方古猿"只是一种灭绝的猿类,显然从未演变成人","如果没有这些关键角色,人类进化这种流行已久的说法真的应该从教科书中剔除"。所以按照创世研究所的观点,德马尼西的化石,包括"5 号头骨"在内,都是人属动物,没什么值得大惊小怪的。

托马斯和舍温可能已做好了修改教材内容的准备,但托马斯也许仔细研究了那份文物报告。不到一周,他的想法就完全改变了,他认为"5 号头骨显然跟猿类一样",任何与此相反的说法"无异于欺骗"。[6]之前被轻视为另一种人属动物的远古头骨,现在被认为属于古猿。以往,因为它们的样子太像人类,被认为颠覆了进化的故事,如今又因为它们长得太像猿类而再次被批判——发表此番言论的还是同一个作者!

在之前的一本书中[7],我指出,如果对德马尼西化石被发现之前的化石进行研究,也会出现一个类似的问题。引用詹姆斯·弗雷(James Foley)汇总的数据,我列出了一份清单,当中包括 6 块古人类化石,并绘制了一张图表,里面涵盖各种创造论者对每块化石进行分类的方式。不出所料,这些人都认为化石并没有提供介于猿和人之间的演化证据。有趣的是,一些创造论者把其中的 5 个头骨称为"古猿",另一些人则被描述为"古人类"。所以我当时写下了这样一段话:

> 哪一派创造论者是正确的,我真的不知道,而这正是关键。实际上,我很想说二者的观点都没错。人们根本无法就这些化石的分类达成一致意见,有哪个人能给出更完美的证据,以证明这些人类化石的过渡性质呢?讽刺的是,那些对进化百般责难的人依然确信,人类与其他灵长目动物存在共同的祖先。[8]

从创世研究所对德马尼西化石的反应可知，批判的想法并没有改变。显然，批判进化论的人已经下定决心要找到一条将"人"与"猿"明确分割的界线，尽管他们对于到底应该在何处划出这条界线仍各抒己见，但是他们坚信没有任何生物能够跨越这一界线。

人与猿的界线

虽然人们对德马尼西化石的判断有所转变，但结果令人尴尬，关于"猿类或人类"的争论是否有根据？有没有数据表明人和猿之间存在真正的差距，即一个可以辨别并借此一次性确定人类独特性的差距？如果有的话，肯定也能依靠定量的方法找到，我们可以通过数字或数学方式进行计算，避免掺杂古生物学家的主观因素——他们似乎总认为刚刚发现的化石就是关键所在。

实际上，如果你我一心要把进化论拒之门外，那么肯定能找到我们一直在寻找的方法，并将其运用起来，把所有据称是史前人类化石的公开数据利用起来，并根据脑容量和化石年代将其列成图表。假如有这样一张图表，必然会显示出明显的差距。几年前，当时还是加利福尼亚大学伯克利分校研究员的尼古拉斯·马茨克（Nicholas Matzke）就看到了一个实现目标的良机。马茨克注意到该报告中有一篇文章[9]列明了 2000 年至今发现的每种古人类头骨的脑颅容量（可大致等同于脑容量），他把头骨的年代和容量数据添加到电子制表程序中，将结果绘制成图。几年后一篇分析古人类大脑的论文中附上了一张图（图 2-1），其结果与马茨克汇总的引人瞩目的数据十分相似。

由此可见，否认进化论的难度已经大大增加。我们通过这个由 243 个头骨组成的数据集发现，大脑的尺寸呈现指数级稳定增长的趋势。从南方古猿开始，虽然它们的脑容量只有 400 毫升，但在过去的任何特定时间都存在各种可能性，造就了现代人类的大脑尺寸。即使我们一时间接受了南方古猿属的成员并非人类这种说法，但能否在这些动物和人类之间找到明晰而客观的界线呢？图 2-1 已经告诉我们答案：并不存在这种明晰的界线。

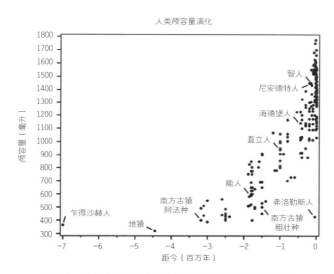

图 2-1　现代人类和古人类头骨颅容量与化石年代关系图

根据现代人类与古人类头骨化石年代所绘制的颅容量（可间接代表脑容量）演化图，图中每一点都代表了一个特定样本，文字标记为单种与亚种的学名，图引自神经科学家兰迪·L. 巴克纳（Randy L. Buckner）和芬娜·M. 克里嫩（Fenna M. Krienen）的研究，2013 年。

但是，既然决定为了否定进化而创设最具说服力的案例，不妨假设你指出了数据的局限性，而所谓的局限性仅仅是脑容量的大小。我们知道这个数字之间的差别很大，即使在现代人类之间也一样。我们需要一种更精细的比较法，可能包括脑容量，还要考虑面部和颌骨的形状，并正确展示出这些结构在现代人身上，以及有可能是祖先的化石的变化过程。

幸好，德马尼西的考古人员做了这种对比分析。2013 年，他们在其发表的文章中将其中 4 个头骨的数据绘制成二维图，如图 2-2 所示。

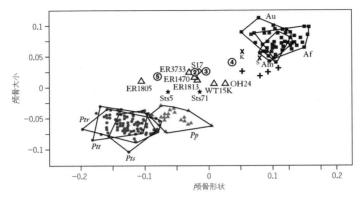

图 2-2　德马尼西头骨化石的颅骨形状与大小变化关系图

左下角为黑猩猩（Ptr，Ptt，Pts）和倭猩猩（Pp）的数据，右上角为现代人类（包括来自澳洲、非洲和美洲的原住民），以及其他智人和南方古猿的样本。此图经许可重绘自洛尔德基帕尼泽博士等人 2013 年的研究配图。

　　有趣的是，图中还包括黑猩猩和倭黑猩猩，以及现代人类的测量结果。三者的头骨（包括 "5 号头骨"），连同先前被确认为南方古猿和直立人化石的数据也被归纳到同一张图表上。这些测量值与马茨克的数百个样本相比虽然数量有限，但可以对证据进行更精细化的研究。然而我相信你也会同意，这个结果对我们划定界线的工作并非好消息。不仅数据没有明显的差距，而且在人类谱系里，南方古猿和早期人类化石中的中介性非常明显。事实上，这些样本的组合就像池塘里一块接一块的石板，其形态特点一步又一步地接近现代人类。

生物遗传的本质

　　虽然化石可以揭露物种的形态历史，但纵观各个方面，其实在某个地方（人类基因里）还能发现一个更耐人寻味的故事。众所周知，查尔斯·达尔文对生物遗传（我们现在称之为遗传学的过程）的理解是错误的。达尔文认为，父母双方的特征会融合到他们后代的体内，因此每一代新生儿都继承了上一代人的少许特征。虽然父母传递到后代的优势特征也许能解释达尔文生存斗争说所谓的"适者生存"，但它也提出了一个发人深省的问题：如果一个人突然出现了优势特征，那么几代之后的基因很可能会变得毫无价值，也几乎不可能影响到进化所需的各种长久形成的变化。

这是所有生物学专业的学生都清楚的一个问题，达尔文本人并不知情，而在《物种起源》出版几年后，一位奥地利传教士给出了答案。1866 年，格雷戈尔·孟德尔公布了他长期钻研的植物育种实验，结果表明植物的某些性状由今天被称为基因的因子控制。这些基因的表现形式可能多种多样。例如，决定豌豆花颜色的基因有二：白色和紫色基因。我们称这些基因的不同版本为等位基因，但这是次要的。孟德尔发现了重要的一点——这些基因都能在保持不变的情况下代代相传。基因不是"混合"而成的，因此真正有利的基因可以持续存在，并逐渐成为基因群的主导者，正如自然选择使生物进化所要求的"适者生存"一样。

在长达几十年的时间里，孟德尔的研究一直默默无闻，但当研究人员后来证实他发现的规律适用于各种生物体时，孟德尔遗传定律成了经典遗传学的基础。随后，遗传学逐渐崛起并被视为进化机制的关键一环，为之后的现代进化综论铺平了道路。现代进化综论的叫法五花八门，也被称作"新达尔文主义"或"新综合"。[10] 尽管现代进化综论的出现给达尔文体系的基本骨架增添了血肉，但这个新理论要在基因的物理和化学性质也明了之后才能更完善、成熟。这个故事在 DNA 被确定为遗传物质的 20 世纪 40 年代揭开序幕，并在 50 年代达到高潮，当时，詹姆斯·杜威·沃森、弗朗西斯·克里克和罗莎琳德·富兰克林发现了 DNA 的双螺旋结构，并最终催生了分子生物学这个在 20 世纪六七十年代独领风骚的学科。

新工具和新技术的发展使检测、仔细比较生物的基因组成为可能。为何科技如此重要？因为它提供了一种直接测试生物同源概念的方法。试想如果两个截然不同的物种有一个最近的共同祖先，也就是说这两个基因组都可以追溯到过去产生它们的某个物种的基因组。如此一来便有许多探索之法，不仅能求证某两个物种是否存在共同祖先，还能确定该共同祖先分化为两个物种经历了多少年。

几十年来，分子生物技术日益强大，越加复杂，生物学家已经将其应用于探究人类祖先的话题。起初这些技术很粗糙，结果不精确。例如，人们利用分子生物技术对遗传相似性做一般比较，得出两个物种可能共有的 DNA 序列百分比，但这个结果并不准确。你从这些研究中可能已经知道，人类与近亲黑猩猩的基因组的相似性高达 98%～99%。但此类数据并没有告诉我们这两个物种之间异同的具体性质，那是我们一直想知道的细节。然而，今天我们已经可以直达基因的根源。因此问题在于这些工具对我们诉说了进化过程的什么故事。答案如你所想：基因技术给我们展现了许多精彩故事。

揭秘的基因碎片

我们来说一个关于人类进化的故事：早在 100 多年前就得出的生物学发现，到最近用上全部分子生物学技术才能得出结果。没错，这是一个关于卵子的故事。

我们跟所有动物一样，都诞生于一个单一细胞，实际上是两个细胞——精子和卵子，然后融合成一个（起码在生物学家眼里）所谓的受精卵。人类和大部分哺乳动物的卵子都很小。不同于鸟类和爬行动物的卵，人类的卵子不需要含有大量的营养，因为它可以从母体获取需要的营养。鸟类、爬行动物以及少数卵生哺乳动物的情况则完全不同，它们所产的卵体积大，包含卵黄蛋白以及其他能够支持胚胎生长发育的营养。为了吸收这些营养，胚胎会产生一层叫作卵黄囊的组织完全包住卵黄，并逐渐将这些营养物质吸收到自己的血液中，以生长发育。

同样，胎生哺乳动物的胚胎也不会存有大量的卵黄，你可能认为人类没有必要形成卵黄囊。实则不然，包括人类在内的胎生哺乳动物其实也会形成卵黄囊，而且与鸟类和爬行动物的胚胎形成卵黄囊的方式非常相似。然而，与其他脊椎动物形成的较大卵黄囊相比，哺乳动物的胚胎卵黄囊则要小得多。虽然在人这样的哺乳动物胚胎卵黄囊内并没有卵黄，但其中充满了一种被称为卵黄液的体液。所以，为什么每个人在胚胎发育的过程中都要进行这种看似毫无意义的进程，长出一个只含卵黄液的卵黄囊呢？而且其对胚胎的营养价值可谓十分微小。从比较胚胎学的角度解释，答案其实是我们与有着大卵黄囊的爬行动物拥有共同的祖先。因此，我们自己也遵循一个非常相似的发育模式，甚至长出一个体积较小、内部几乎没有什么营养物质的卵黄囊（图 2–3，之后卵黄囊会被胚胎吸收）。

值得注意的是，哺乳动物的卵黄囊组织即使与那个消失的卵黄没有关系，在发育期间仍然能发挥作用。发育阶段的第一个月，卵黄囊组织作为血细胞的来源，负责在早期把营养运送到胚胎中。[11] 人类卵黄囊的囊状结构在此之前曾经包裹着我们祖先真正的卵黄，现在已经成为进化的残留物，但它确实有其功用。因此，有人可能会说，既然它的功能跟那个它曾经包裹、已经消失不见的卵黄没有关系，就应该给它换一个名字。实际上，仅凭卵黄囊如今在哺乳动物体内的定位，又怎能确定它就是过往产卵的祖先进化至今的证据呢？

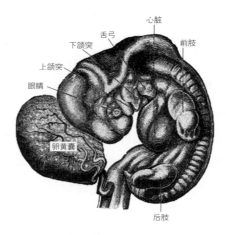

图 2-3　人类胚胎发育到第 31～33 天时的形态

该图引自经典医学教材《格雷氏解剖学》，描绘了发育 31 至 33 天的人类胚胎。请留意卵黄囊的状态，虽然其名字如此，但其中并不含任何卵黄蛋白原。

而这正是分子工具一展所长，帮助解答人类真正祖先问题的所在。卵黄中的一种基本成分是所谓卵黄蛋白原（卵黄生成素）的蛋白质。因为蛋白质由 DNA 组成的基因编码，所以我们可以凭借蛋白质找寻进化途径。由此，蛋白质为我们铺开了一条探索基因组的路径，我们通过这条路径可以与生物遗传面对面。

蛋白质的定义没有过多深奥的内容，它只是由氨基酸串联成一条长链所产生的化合物。常见的氨基酸有 20 种，它们几乎可以通过任意顺序结合产生无数种蛋白质，比如肌肉中的肌球蛋白、红细胞中的血红蛋白，构成头发、指甲以及皮肤的角蛋白。DNA 的一个主要作用是设定这些氨基酸在蛋白质中的顺序。DNA 分子的两条长链本身是含氮碱基的化合物，当中有四个碱基，缩写为 A（腺嘌呤）、C（胞嘧啶）、G（鸟嘌呤）和 T（胸腺嘧啶），它们也可以随意排序结合。

这项组合的任务不由 DNA 直接完成。相反，基因进行表达时，其碱基序列会被复制或转录成一种类似 DNA 的分子，称为 RNA（核糖核酸）。酶会将 DNA 双螺旋结构分解并产生单链 RNA 分子，当中的碱基序列会匹配基因本身的碱基。然后，在一种既细微又非常复杂的分子机器——核糖体的辅助下，RNA 分子被用来指导蛋白质合成，每次对应合成一种氨基酸。[12]

如今我们了解到，一些针对 RNA 的基因编码除了用于构建蛋白质，还有其他作用，DNA 的某些区域只能调节位点，还有一些区域会被影响其活性的化学基团或邻近基团标记。鉴于此，我们不妨看看形成卵黄所必需的基因——构成卵黄蛋白原的基因。

卵黄蛋白原是一种蛋白质，确实存在一种构成基因，即一种指定其氨基酸序列的基因。一个体积较大的卵，其卵黄需要蛋白质，而该基因就在一种能够产生大量蛋白质的组织中被激活。该基因被称为 VIT（液泡铁离子运转蛋白）基因，一般存在于卵生脊椎动物体内且数量众多。但是像我们一样不产卵的哺乳动物的情况又如何呢？如果人类确实是从那些能够发育出大卵黄囊且其中充满卵黄的动物进化而来的，那么残留的 VIT 基因是否有可能潜藏于人类的基因组呢？

2008 年，一个瑞士科学团队决定一探究竟。由于人类的 VIT 基因在经历了数百万年的不活跃之后可能会被突变严重破坏，他们决定用一种巧妙的方法予以探寻。研究员在鸡的基因组里找到活跃 VIT 基因两侧的基因进行标记，然后在人类基因组数据库中找到了完全相同的基因。果然，这些相近基因的顺序在两者的基因组中都是一致的，在它们之间夹杂着可能被误认为是 VIT 基因残留物的 DNA 序列。当然，这些支离破碎的残留基因已经不能生成卵黄蛋白原了。该DNA序列中的某些碱基缺失了，某些则在基因中永久失去了活性。尚存在基因组里的是一堆假的VIT基因，与那些曾经活跃却不再为卵黄蛋白原编码的基因有密切的关系。[13]

既然这些基因断裂的碎片为我们人体根本没有生成过的一种蛋白质编码，那为何人类基因组还存在这样的碎片？我们不妨从进化的角度来看，斯蒂芬·杰·古尔德说过：那些假基因是"历史篇章中毫无意义的符号"。古尔德著作等身，他在其中一篇精彩绝伦的文章中阐明了这些基因的存在直接预测了进化论的前景：

但是达尔文认为，如果生物有史可鉴，那么在其祖先的时代应该遗留下一些东西。用今天的眼光看待过去的遗留之物根本不合情理，但那些毫无用处、稀奇古怪、不可思议、格格不入的事物都是历史的符号。它们证明了世界的构成并非现在之所见。[14]

人类的VIT无用基因已证实，过去的我们并非如今的样子。"证实"是一个很重的字眼，尤其在进化方面，所以古尔德对此非常谨慎。但是即使在化石中发现了存在于人类基因组的卵黄蛋白基因，也无法解释这个惊人的结果。[15] 一个多世纪以前，人们只能根据形态学对进化论进行推演，而VIT的故事阐明了分子技术如何把这个推论变成定论，因此VIT的故事如此引人入胜。但这绝非特例。

无用的假基因

这些无用的卵黄蛋白原基因揭示了过往人类作为哺乳动物的关

人类的本能

键因素，但它并没有说明哺乳动物中与我们联系最紧密的亲属可能是谁。幸好，人类的基因组中充满了标记，展现了强有力的证据。

在凯尔特神话中，提尔纳诺是一个青春和快乐永驻的地方。2003年，身为凯尔特人后裔、供职于爱丁堡大学的伊恩·钱伯斯（Ian Chambers）和他的同事在胚胎干细胞（ESC）中发现了一种重要的蛋白质，便决定借用这个神话为此命名。几十年来，人们一直对这些干细胞充满好奇，因为它们有可能发育成身体的任何细胞或组织。实际上，干细胞能保持"永远年轻"的能力，总是充满活力。发现这种对干细胞至关重要的蛋白质后，钱伯斯将其命名为 NANOG（同源框蛋白质）。刊登钱伯斯论文的期刊恰如其分地将 NANOG 描述为"胚胎干细胞管弦乐团中的新成员"，而且关于 NANOG 在确定胚胎干细胞中的作用的研究仍在继续。

自此发现之后的几年里，NANOG 的重要性之高一如钱伯斯的研究团队所料，但我们之所以对它如此感兴趣，是因为这个基因追溯了人类进化故事的方式。在讲述这个故事时，我特别感谢犹他谷大学的丹尼尔·J. 费尔班克斯（Daniel J. Fairbanks）博士。他除了在科学工作上成就颇丰，还是一位杰出的画家和雕塑家。他撰写了大量关于科学历史和哲学的文章，并在两部可读性很强的畅销书《伊甸园的遗踪》[16] 和《进化：人类的影响及其重要性》[17] 中描述了人类进化的大部分分子生物学证据。

人类的 NANOG 基因位于 12 号染色体的末端。然而，与其他种类的基因一样，NANOG 有额外的副本分散在基因组周围和其他染色体上。这些额外的副本是如何生成的？方法之一是利用 DNA 复制过程中出现的差错——染色体的同一个区域被错误地复制了两次。显然这种情况至少会在 12 号染色体的某一段发生，因为在工作基因副本旁边还有一个结构不完善的 NANOG 副本。然而，生成这些不完美的副本，或者说假基因，还有一个方法。正如我们所见，当基因被表达时，其DNA碱基序列首先会被复制到RNA分子的互补碱基序列中，而RNA后期会指导蛋白质的合成。到目前为止，运作过程仍然顺利。但在极少数情况下，细胞内的酶会将这些RNA碱基序列复制回DNA，从而产生另一个像NANOG这样的基因复制品。RNA的这些副本，也就是所谓加工过的假基因[18]，可以嵌入基因组的任何位置、任何染色体。这些经过加工的NANOG假基因中有9类分别散布在7种不同的人类染色体上，而且散布位置随机，就好像是霰弹枪射出的子弹。

此刻，事情就开始变得有趣起来。如果你面前有两个不同的物种，两者的相同染色体上有9个一模一样的NANOG假基因互相匹配、四处散落，你会如何看待这种现象呢？这是巧合吗？或许会有一两次巧合，但能够在两种截然不同的物种的染色体上完美匹配定位多达9次是根本不可能的，除非它们都从共同的祖先那里继承了假基因定位的模式。这样一来就完全合乎情理了。历经数百万年，如果这些假基因每次都是先嵌入一个染色体，再接着嵌入另一个，久而久之，这种固定在几个染色体上的基因位置在该物种体内将变得高度精细，像指纹一样细致。然后，当该物种分化成两个细类时，通过在其染色体中继承相同的NANOG假基因定位模式，每个分化的子物种中都会保留"指纹"。即使这两个物种的演化路径不同，这种模式也将维持数百万年，就是为了让它们越发不同、越发独特。突变会日积月累，一两个新增的假基因也可能会嵌入其中一个物种的基因组，但匹配模式仍然存在，表明这两个物种在数百万年前确实有一个共同的祖先。

这两个物种分别是人类和黑猩猩（见图2-4）。但这个故事的发展比你单纯依靠数据猜测的结果要好。

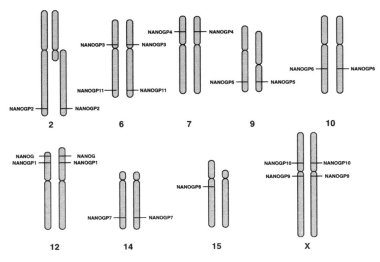

图 2-4 "NANOG 的女儿"的大致位置

经加工的假基因随机散布在人类和黑猩猩的基因组里。注意，除了 15 号染色体，这些随机嵌入的假基因序列可以任意匹配其他染色体，而在 15 号染色体上，NANOG 基因仅仅存在于人类的染色体中（图中左侧为人类染色体，右侧为黑猩猩染色体）。此图经许可重绘自丹尼尔·J. 费尔班克斯 2007 年的研究。

　　仔细观察人类和黑猩猩的染色体图谱，你就会发现有一个不相称的假基因。它位于人类的 15 号染色体上，但黑猩猩基因组中没有相应的副本基因，那么它到底是从何而来的？

　　通过对比假基因和原始的工作基因的突变次数，可以准确地估计假基因形成的时间。万一突变次数很多呢？这时的假基因已经衰老到一定程度。如果只有少量突变，则证明它是最近才形成的。例如，NANOGP8 是一个非常年轻的假基因，大约在 200 万年前形成。[19] 相比之下，其他 9 个经加工的 NANOG 假基因的存在都超过 2 200 万年。黑猩猩基因组中缺失了 NANOGP8，因为它只出现在人类的血脉中，当时人类的祖先已经从今天黑猩猩的祖先中分化。如你所料，人类和黑猩猩之间唯一不同的 NANOG 假基因就是最近的假基因，自从两者的共同祖先在大约 500 万或 600 万年前分化出两种不同的血脉，便产生了这种假基因。

NANOG 这个名字来自凯尔特神话中象征年轻和活力的土地，它对于伴随着每一代新生代人类细胞活力的更新至关重要。两位研究员[20]曾经称这些假基因为"NANOG 的 11 个女儿"，它们标志着一个与我们相隔千万代的过去，一个我们与地球上最亲密的近亲共有的过去。猿猴和人类已然变得不同，两者的过去也都不是如今的样子。但在我们内心深处烙下的是我们不得否认的历史和血缘。

融合的证据

NANOG 只是人类和其他灵长目动物共同祖先中假基因家族的一个例子，类似基因还有很多。但还有一种更简单的方法来表达这一点。事实上，你可以只用一张图片来讲述这个故事，见图 2-5。

1982 年，两位科学家拍下了人类染色体的显微图像，并将其与大猩猩、黑猩猩和红毛猩猩的染色体做比较。他们从照片上剪下染色体部分并将它们并排放置进行比较。为了使照片中的染色体内部条纹容易辨认，研究员将其着色，即便如此，结果也不出所料，四者的染色体几乎完全相同。但可以肯定的是，它们之间仍存在一些差异。染色体中出现了倒位现象：部分染色体片段方向颠倒。但在这些微小的差异中，有一个与众不同。人类的 2 号染色体似乎与这 3 种猿类染色体都不相配。原因何在？

我敢肯定这项研究的负责人、明尼苏达大学的约格·尤尼斯（Jorge Yunis）和奥姆·普拉卡希（Om Prakash）虽然眼见差异明显，却没有感到困惑。因为现代类人猿体内有两条染色体似乎也没有在人类的基因组中找到相配的。人们根据染色体的大小进行编号，它们在各自的基因组中被命名为 12 号和 13 号染色体。但是，尤尼斯和普拉卡希马上发现，这两条染色体恰好与人类 2 号染色体的上下部分完美匹配。就在这一刻，他们解开了人类进化的一个小秘密。所以你看，人类有 46 条染色体，组成 23 对。我们每个人都从父母那里分别继承了 23 条染色体。然而，所有类人猿都有 48 条染色体，即 24 对。如果我们确实与这些灵长目动物同根同源，那么为什么我们还会缺失染色体呢？

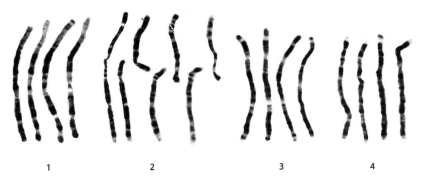

1　　　　　　2　　　　　　3　　　　　　4

图 2-5　灵长目动物染色体显微图像

1、2、3、4 号依次为人类、黑猩猩、大猩猩和红毛猩猩的染色体显微图像。该图来自尤尼斯与普拉卡希的报告，1982 年。

这些科学家认识到，人类的染色体根本没有缺失。在猿类进化成人的过程中，我们的灵长目近亲仍然分离的两条染色体会结合成一对染色体，因此现代人类的染色体只有 23 对，而非 24 对。但遗传信息没有丢失，只是重新排列，这在很多生物体内都时常发生。基于这种染色体合二为一，与 3 种猿类的两条染色体互相匹配的现象，尤尼斯和普拉卡希把他们的研究称为"人类起源的图像遗产"。事实也的确如此。但这个故事还未完结。

这两条染色体是否真的如这些科学家所假设的那样相互融合？

数十年的研究也为他们提供了一些能够验证其想法的技术手段。我们现在可以直接观察融合染色体的 DNA 碱基序列，并验证共同祖先的概念。

如果人类的 2 号染色体真的是这样形成的，那么它的起源应该是两条独立的染色体，来自类人猿的共同祖先。每条染色体都含有一个着丝粒，它可以说是染色体的中心区域，偶尔会轻微收缩。[21] 如果人类的 2 号染色体是由端粒着丝产生的，那么它应该有两个着丝粒，或者至少有两个着丝粒的残留，它们都来源于祖先的染色体。虽然尤尼斯和普拉卡希无法从显微镜中看出这些细节，但在 2005 年，一项关于 2 号染色体 DNA 序列的研究[22] 发现了这两个被科学家预测存在的着丝粒。事实上，这项研究的发现远不止于此，它还识别出围绕两个着丝粒的 DNA 序列，与之前已经确定的黑猩猩 12 号与 13 号染色体的着丝粒相对应。这不仅证实了类人猿的两条染色体与人类 2 号染色体的两末端片段一致，还为染色体融合假说提供了证据。

另一组分子向我们展现了更强有力的实际证据。人类染色体的末端，端粒有特定的 DNA 碱基序列：TAAGGG，排列重复数百次。如果人类 2 号染色体确实由两条染色体融合而成，那么两组端粒序列应该在融合的交会处被挤压在一起，并分属于两条不同的原始染色体。在 1982 年（尤尼斯和普拉卡希进行研究的那一年）根本没有验证之法。但是，一旦人类基因组计划成功地把人类基因组（包括 2 号染色体）完全测序，就有可能一探究竟。今天我们可以清楚地了解染色体中几乎全部的 DNA 碱基序列，寻找那些往往就在染色体中间但不会被发现的端粒重复序列。果然，在染色体中，就在融合位点有一片区域，大约有 150 个端粒重复序列。事实上，我们甚至可以确定发生融合的具体碱基，即染色体末端的 113 602 928 个碱基（关于融合部位的详细内容，我已在本书技术附录中列明）。

我与外行谈起进化时，几乎总会提及一个关于人类 2 号染色体的故事。没有什么比这个故事更简洁有力。我先指出现代人和现代类人猿之间染色体数目存在奇怪的差异（人类有 46 条染色体，而其他类人猿有 48 条），然后我会问有什么关于共同祖先的说法可以解释这种不匹配的现象。这些听众很快就意识到，只有一种解释能够解答进化共祖问题。也就是说，我们的其中一对染色体由两条染色体融合而成，而这两条染色体在其他灵长目动物中依然是分离的。有了这个预测，我们就可以提出这个问题："这样的染色体是什么样子的？我们要如何鉴别它们？"

正如我们所见，这样的染色体应该在融合位点存在首尾相接的端粒重复序列，假设融合位点的任意一侧与人类灵长目近亲（比如黑猩猩）的两条染色体的序列相匹配，则在该处也应该存在基因序列。我的下一个问题是："人类有这样的染色体吗？"我的回答是："当然有。那就是 2 号染色体，其中包括了我刚刚提到的每个基因标记。"到此，这个问题便告一段落。

2 号染色体的故事对那些质疑进化论的人造成的影响之大总是让我瞠目结舌。突然，他们似乎意识到，人类起源学说的出现并非世俗主义者有意破坏信仰、摧毁西方文明而产生的奇怪猜测。相反，它是从人类基因组的 DNA 序列中得出的确凿而直接的结论。它所展现出来的结果，令人颇感震撼。

否定的重负

那么，现在我们回到开头的问题。我们能说进化论的结论并不属实吗？我们能否一边研究现代人与现代类人猿之间明显的生物相似性，一边说它们无关紧要？能不能将日益增加的、越发详细的化石证据视为幻觉，当作骗局？即使忽略了基因组中随处可见的共祖证据，我们能否在基因组千丝万缕的复杂性中找到突破口？我认为答案很明确——肯定不能！面对如此庞大繁杂的证据，对任何以公正眼光看世界的人而言，否认人类进化所要承担的知识负担实在过于沉重了。

可以肯定的是，我们不知道人类演化道路上每一站的具体风貌，也会对未来几年学到的很多东西感到惊讶。但我们故事的大致轮廓比以往任何时候都清晰。我们是进化的生物，我们的身体、我们的思想、我们的心智、我们的希望和梦想都指示着这一点。现在我们可以开始问一个真正有趣的问题了：被进化之手塑造的生物意味着什么？

第三章

机遇与奇迹

　　进化，就是我们在大自然中寻找自己的起源。它告诉我们，人类的诞生不是为了见证地球的形成、欣赏生命的起源、动植物的兴盛，也不是为了经历恐龙的灭绝。它想表达的是，在这个有生命的星球上，人类只是初来乍到。也许最重要的是，我们能寻根究底，知道人类的祖先在某个时刻跟其他生物有一个共同的起点。但这件事真的这么骇人吗？

　　如果把进化成人的全过程，特别是人类的到来，当作生命蓝图的结果，可能吗？如果我们是地球生灵中至高无上的荣耀，也许在人类之前的芸芸生物都是为了构建如今这个世界而存在的。这种观点又有何不妥呢？为何我们不能如此看待进化，以此重拾我们曾有的使命感和崇高感？这个问题让很多人摸不着头脑，要了解个中原因，我们必须探究人类起源的故事从何而来，以及它为何会经年累月地不断变化。

关于人类黎明的一瞥

人类进化并非一个突如其来的概念，它已经酝酿了好几个世纪。起初它和很多科学突破一样，都在好奇心驱使的懵懂中诞生。法国神学家艾萨克·德拉·佩雷尔（Isaac de la Peyrère）对那些磨得棱角分明的石器非常着迷，他认为这些石器是工具，形如箭头，还认为所有石器都是生活在亚当和夏娃（创世）之前的远古人类制造出来的。佩雷尔认为，如果事实当真如此，那么研读创世故事时出现的各种恼人问题也能得到解释。比如主日学校的孩子们经常挂在嘴边的问题：亚当的长子该隐是怎么认识他的妻子的？因杀死兄弟亚伯而被放逐后，该隐到底在惧怕谁？还有那个更令人费解的难题：在该隐一手建立并以儿子伊诺克命名的"城市"里，谁会成为居民呢？[1] 佩雷尔的答案是：那些与亚当和夏娃毫无瓜葛的族类一下子就能解决这些问题。

面对创世神话带来的种种难题，佩雷尔提出了几个有用的建议，但他的法国同胞对此并没有做出积极的反应。他的著作《亚当之前的人类》(Men Before Adam)[2] 出版一年后便在众目睽睽之下被烧成灰烬，他被迫在罗马教皇面前否认自己的想法，幸好被投入火堆的不是他。后来一批同样对此充满好奇的有识之士把他的前卫思想占为己有。

1771 年，古生物学者约翰·弗里德里希·埃斯珀（Johann Friedrich Esper）在德国班贝克附近发现了一批人类骸骨，它们与早已灭绝的洞穴熊一同出土，由此，他对创世神话产生了怀疑。19 世纪早期，天主教神父约翰·麦克埃内里（John MacEnery）在英国沿海的古沉积岩中发现了一批与灭绝动物同时代的人类骨骼。他发现，人类其实远比创世故事所描绘的更古老。

从科学的角度来看，有些更加令人头疼的问题早已一目了然。

人类的本能

1735 年，瑞典博物学家卡尔·林奈 [3] 出版著作《自然系统》，并在书中阐明了答案。他建立了一种真正意义上的生物系统分类法，开创了至今仍在沿用的动植物双名命名法。因为林奈的方法，四季豆有了众所周知的学名——菜豆（*Phaseolus vulgaris*），马也被称为家马（*Equus caballus*），而人也被称为智人（*Homo sapiens*）。人们深信他的著作揭示了大自然的神圣意志，因为他在卷首语中写了这样一句话：Deus creavit, Linnaeus disposuit，大意为"神创之物，林奈编写"。在林奈看来，自己只不过是在描述创世的荣耀。人类在《圣经》中被热切地描述为"只比天使略低一等"，然而林奈此举为人类的迅速降级定下了一个基调。

当然，那个造物的巅峰就是人类自己了。林奈为了反映出人的独特地位，明确表明人类在动物行列中属于"领头"的，更是"至高"的一员。他用意为"高贵"或"第一"的拉丁词语 primas 创造了一个我们沿用至今的学名"灵长目"（primates）。属于"灵长目"的人类当贵为"万灵之长"。但因为在中世纪，这个词也指教会中位高权重的大主教，所以在今天看来不免有些讽刺。但林奈在使用这个术语时是否意识到了其中的讽刺意味，我对此存疑。他只是认为我们位居生物界顶端，之后也是如此给我们归类的。

林奈的分类法证实人类确实位居生物界顶端，有一个细节除外。我们在他所称的灵长目中并非独一无二。林奈对于科学原理的执着泄露了他的真实看法。我们人类，或者说智人，与猴和猿一起被归为灵长目的"人形动物亚目"（Anthropomorpha，意为"像人一样的"）。但在当时，一些思想正确的博物学家质疑此分类法——"他怎么可以把高贵人类的崇高灵魂与猿猴相比呢？"这句话出自博物学家约翰·格梅林（Johann Gmelin）之口，对此，林奈回应道：

你对我把人归入人形动物感到不满，也许是因为"人形"二字，但是对自己最了解的还是人类本身，我们就别在字眼上挑刺儿了。命名对我而言无关紧要，但我要求你和世上其他所有人都根据自然历史的原则，以人和猿的共同差异为依据。我固然不知道这些差异是什么，但愿有人能相告，哪怕只有一个差异！ [4]

后来林奈得知谁有可能给出答案，于是他向格梅林诉说了心中的恐惧：

如果我已经把人称为猿，或者把猿称为人，应该会为神学家所不容。但作为一个博物学家，我早就该这么做了。[5]

也许想法如此，但林奈知道当时掌权者的强大，他坚持自己的分类法，在之后的版本中甚至移除了隐含生物不变性的句子。然而，他跟当时很多博物学家一样，都对人类起源的推测避而不谈。《自然系统》第十版分为两册，分别于1758年和1759年出版。纵观整个探索人类的伟大时代，该版的卷首语仿佛是一盏为生物学家指明方向的路灯，字里行间也肯定能让神学家感到高兴。

噢！耶和华。
您的作品何其伟大！您的行动何其睿智！
大地遍布您的奇观！ [6]

然而，林奈仍然坚称人和猿之间存在生物学上的亲缘关系，久而久之，欧洲的科学家甚至开始对此进行认真思考，并认为两者确有联系。在《自然系统》第十版面世整整 100 年后，查尔斯·达尔文和阿尔弗雷德·拉塞尔·华莱士把林奈的研究结果向前推进了一大步。物种并非固定不变，新物种由旧物种经过完善的后代衍生而来，自然选择的过程仍在不断塑造物种的特性。虽然达尔文和华莱士最初都未曾把上述原则作为人类起源的解释，但二人都认为不应将人类排除在进化大潮外。在《物种起源》中，达尔文巧妙地指出，因为他的理论将揭开"人类的起源及其历史的面纱"。就目前而言，达尔文让读者自行决定究竟要揭开哪块面纱。

达尔文最有名的捍卫者托马斯·亨利·赫胥黎并没有等待，他举办了一连串讲座，发表了一系列文章，并在一本出版于 1863 年的著作《人类在自然界的位置》中阐明并总结了自己对人类血统根源的见解。在书中，赫胥黎表明："……说法之一，类人猿不断进化完善，我们没有理由怀疑人类源于古猿的可能；说法之二，人类与猿类同为原始灵长目动物的演化产物。"[7]

赫胥黎在公众的关注下欣然开讲，达尔文则在默默钻研，不久之后，达尔文决定打破沉默，写出一部关于人类进化的长篇巨著——《人类的由来及性选择》，于 1871 年面世，第一版在三周内一售而空。在人类由来这一问题上，与赫胥黎简略、严谨而有针对性的论证不同，达尔文的著作内容广泛而发散，它论及感觉器官、头发、肌肉以及生殖器；分析人类的变化；关注蝴蝶的求偶行为，推断鱼类的警戒色，也描述蜘蛛的雌雄异形。如此长篇大论，旨在表明人类无论如何都和其他类人猿一样，属于同一种动物门类。也正因如此，我们和所有动物一样，都受同样的演变和自然选择力量的影响，一直如此，所以我们完全有理由相信人类与其他动物一样都是进化的产物。林奈认为，我们不仅与猿类相似，还是它们的表亲、血亲和同族。在世袭血统观念深入人心的维多利亚时代，进化论对大众文化的冲击可谓立竿见影。

有几位聪明的评论家考虑到人类的不足后，便假定我们的灵长目近亲才是最受这个令人震惊的说法冒犯的。1871年，政治漫画家托马斯·纳斯特（Thomas Nast）在揭露纽约坦慕尼协会丑闻的间隙，对这位《人类的由来及性选择》的作者戏谑了一番。在《哈泼斯杂志》的一幅漫画中，纳斯特画了一只泪流满面、闷闷不乐的猩猩，如谴责般直指一旁的达尔文，画面上一位看客问道："达尔文先生，您怎能这样羞辱它！"[8]

还有一些漫画家选择回避冷嘲热讽，戏称人类可能并非源于猿猴，而是其他动物的后代。《笨拙画报》描绘了这样一个画面：一位父亲把《人类的由来及性选择》中的内容读给妻女听[9]，两人听罢满脸惊恐。《大黄蜂》杂志把达尔文画成一只浑身长毛的猩猩，四脚着地[10]，匍匐前行。而法国杂志《小月亮》则更干脆，它把达尔文丑化成一个有着络腮胡子、形如猴子的形象，在树枝上摆来荡去。[11]

达尔文显然已经触怒众人，他给人类的自我形象带来了前所未有的冲击。《圣经》中的亚当也许还活着，但肯定已经奄奄一息。达尔文的《人类的由来及性选择》在比较生物学的基础上展开论述。虽然文辞有力，却留下了一个很严重的问题：要记录人类起源，却连一个化石证据都没有。在该书第六章的开头，达尔文也承认了这个难题。

"……我认为，前章以最平实的文字叙述了一个事实：虽然人类与低等生物的联系迄今尚未明确，但人类确实源于某种低等生物。"[12]

尽管达尔文在书中说化石并非人类进化的必要证据，但之后他在同一章又回顾了这个问题，并矢口否认：

> 化石遗骸能证实人类和猿类祖先之间的关系，但缺失了这一环之后，就再也无人强调两者的血脉联系，读过查尔斯·莱尔（Charles Lyell）爵士观点的人都知道，他认为所有脊椎动物化石遗骸的考古都是极其缓慢、依靠运气的过程。我们不该忘记有些区域最有可能存在相关的化石，可以揭示人和某些早已灭绝的类人猿物种之间的关系，但地质学家未曾勘探过。[13]

他告诉读者：在某种意义上，尽管我们手中还没有史前人类化石，糟糕，也没有相应的脊椎动物化石，但那又有什么大不了？然而，那时候我认为达尔文知道缺少化石证据非同小可，所以他在处理这个问题时小心翼翼。事实很重要，尽管达尔文收集了证据证明人类和其他灵长目动物的关系甚密，但是仍然缺少一个重要的支撑——一块真正能把人类和其中一个猿类祖先联系起来的化石。他仿佛在向读者承认，自己够胆大，提出了该往何处寻证据：

> 纵观世界各大区域，哺乳类与同一地区的灭绝物种关系紧密。因此，灭绝的猿类有可能曾居住在非洲大陆，它们跟大猩猩和黑猩猩颇亲。又因为这两种猩猩是现今人类的近亲，所以我们的祖先生活在非洲大陆的可能性更大。[14]

如果他猜错了，将难以预料进化论会遭遇什么。幸好，达尔文终究猜对了。

人类化石物语

在《人类的由来及性选择》成书之前，达尔文和同僚们都留意到，在欧洲各地均有出土类人化石的消息。其中最负盛名的是最早在德国尼安德河谷发现的化石。这些尼安德特人头骨化石唤回了博物学家对于"缺失的一环"的想象，他们认为人与猿紧密联系的这段遗失的历史就埋在脚下。可惜，正如赫胥黎所说：真相逐渐明晰，这个特殊的发现并不如我们所想的那般特殊。赫胥黎在一篇发表于 1862 年的文章 [15] 中坚持己见，认为"尼安德特人的头骨绝对不可能成为人和猿过渡的残留证据"。他觉得尼安德特人太接近于现代人类，因此不可能是真正的过渡物种，所以研究要继续进行。

达尔文也怀疑人们到底能否找到"类猿祖先"。1868 年，他画了一张灵长目动物进化关系的草图，以图像方式描绘他的进化观：在现代黑猩猩、大猩猩和红毛猩猩出现之前，人类就从其他类人猿中分化而来。[16] 达尔文于 1882 年与世长辞，其远见十足的人类起源理论甚至不能用一块化石标本来证实。然而，10 年之后，事情出现了转机。

达尔文认为尼安德特人的化石标本并不理想，其他古人类标本也很快会出现。1891 年，荷兰博物学家尤金·杜布瓦（Eugène Dubois）在爪哇的一座岛屿上发现了一块头盖骨、一颗牙齿和一根股骨，这些证据可谓举足轻重。虽然杜布瓦的发现在长达数十年的时间里备受争议，但我们如今已经可以把这些遗骸作为直立人的证据。[17] 后来，人们陆续在世界各地发现了很多同类型的化石。这些古人类化石样本的脑容量为 850～1 100 毫升，容易让人以为它们是介于类猿祖先（脑容量接近 400 毫升）和现代人类（脑容量为 1 200～1 500 毫升）之间的过渡物种。虽然并非所有人都对此表示认同，但这是第一次能够认定

　　　　　　　　　　　　　　　　　　　　　人类的本能

缺失的一环已经找到的证据。拦住古人类历史洪流的大坝已然决堤。

当然，在这个过程中也会有一些错误，其中一个更是经常被打上人类起源的科学骗局的标签。1912年，在英国皮尔当地区的砂石坑中，一位业余考古学家发现了头盖骨和颌骨的碎片。这些骨头最终被移交到德高望重的解剖学家阿瑟·基思（Arthur Keith）手上，他一口咬定是真品。在皮尔当的这次发现让英国一举成名，1915年，画家约翰·库克（John Cooke）的一幅画作更让它名垂史册。画中描绘了基思在仔细量度皮尔当人头盖骨的尺寸，而背景中的达尔文肖像若隐若现。皮尔当人的大脑与现代人类大脑的大小几乎一模一样，颌骨部分与猿类极为相似。虽然学术界有很多人都对出土的"第一个英国人"备感欣喜，但仍然有科学家对头盖骨和颌骨明显不匹配的问题感到困扰。其实，皮尔当人根本不是真正的过渡物种，该发现的可信度几乎马上遭到法国古生物学家马塞兰·布列（Marcelin Boule）以及美国古生物学家格利特·史密斯·米勒（Gerrit Smith Miller）的质疑。1915年，布列和米勒两人坚称该颌骨确实来自一只猿猴，但它的牙齿被挫平了，这让它看上去更像是人类的。1953年，放射性年代测定法证明了二人的观点是正确的。

也许是时候把目光投向非洲了。

就在皮尔当人的伪证为众人所不齿之际，非洲大陆却意外迎来了一个重大发现。来自澳大利亚的雷蒙德·达特当时刚在南非的一所大学担任解剖系的负责人，一个学生出现在他面前，手中是一块来自石灰岩矿场的灵长目化石，外形很不寻常。达特猜测矿场中埋藏了其他有趣的标本，他要来了两箱石灰石碎块，一一仔细端量。他把第二个箱子中的头盖骨碎片逐一移出，并小心拼凑成一个面部和头盖，最终呈现出小孩模样，达特将其命名为"非洲南方古猿"。[18] 此刻，达尔文的说法终于有了定论！不久之后，考古学家在非洲各地都发现了成年南方古猿的化石，其中大部分都由达特的同僚、拥护者罗伯特·布鲁姆（Robert Broom）经手。

直立人的脑容量与现代人类的非常接近，非洲南方古猿的脑容量却只有 500 毫升，与现代类人猿相近。最终这条进化链上缺失的每一环逐渐被补回。在二战落幕之际，越来越多的目光聚焦于非洲大陆，一些化石收集爱好者组建颇具规模的考古队伍，也开始在有挖掘价值的地质区域展开搜寻。他们屡有意外收获，能人、傍人以及东非人等在新闻、杂志、书页上赫赫有名的化石也陆续出土。科学家把这些化石标本按年代排序，对其相关的火山物进行放射性年代测定，有了这种越发准确的技术的保障，人类祖先的故事变得更加丰富多彩。

1965 年，美国时代生活出版公司敢为人先，出版了一本精美的图书——《早期人类》（*Early Man*）[19]，书页均为光面纸张印刷。在其中一章的开头，人类学家克拉克·豪厄尔（Clark Howell）直截了当地写道："人类历经数百万年才成形，现在已经是个公认的科学事实了。"任何认为人类与动物之间仍有界线的说法都在消失，缺失的环节陆续被找到，人类的概念也将回到自然：我们不过是丛林之中的一种动物罢了。

宏大的跃升？

不过有一个办法可以让人类从这种令人沮丧的说法中找到一丝慰藉，而它恰好就在《早期人类》一书中。书中"迈向智人之路"一章把 250 万年的人类进化历史浓缩在令人眼花缭乱的 5 页折页中，从第一只原始的原猴亚目动物到类人猿的出现，从包括南方古猿、尼安德特人在内的古人类到现代智人均罗列其中。这幅名为《进化的历程》（*The March of Progress*）的长图描绘了 15 种雄性灵长目动物，它们昂首阔步地从左往右走，全都呈现为迈开右腿以遮住雄性解剖结构某个部位的姿态。这幅著名的插图出自知名古生物画家鲁道夫·弗朗茨·扎林格（Rudolph Franz Zallinger）[20] 之手，他凭借自己的艺术天赋以图像呈现进化的历史。这幅经典之作在教科书上重现，被模仿了无数遍，更被用于各类商品宣传，从电脑到软饮、啤酒等不一而足。

就插图本身而言，它满足了我们作为人的自满心理。这一系列的人物姿态逐渐高大，而我们站在了自豪的顶端，进化让我们一步步走来，身材更高、力量更强、头脑更灵活，外表也更出众。我们也许确实从猿猴进化而来，所以是时候吞下这一剂"苦口良药"，接受自己的祖先是低等动物的现实了。但在其间，我们往往会把自己置于生物界的顶层，以挽回部分尊严。虽然承认我们已经进化，但如果说进化的代表作注定是智人，那会不会太糟了？也许我们可以认为，人类的出现从一开始就注定是演化的巅峰之作。地球诞生于火焰之中，天然形成了富饶的生命材料，迸发着能量的火花。这些力量促成生命降临，它们从简单向复杂演进。生命之流传遍全球，它不断变化适应、开拓栖息地、创设出在地球各种环境中都能寻得生机的新途径。最终，这股生命衍生出形形色色的生物，它们的意识越发强大，心智越发敏锐，直到智人登台，最终掌握、驾驭并统领生物界非凡的多样性。人类是这段创造之旅的所有，是演化的终极作品，是数十亿年演化历程的最终目标。而我们已经实现！

这段话在 1965 年似乎完美地符合当时的形势。纽约正值世博会，处处都在为科技的进步欢呼雀跃。而通用电气公司的庆祝方式是在展馆里摆满各种能够不断提高生活质量的产品。其他公司则展现了各种未来的璀璨可能——移民月球、荒漠变沃土以及各种节省人力的发明，可以让生活更轻松安全、更具创造性。来自各国的展览品就是这个盛会最好的印证，每个产品所表现出来的就是自己的文化和民族认同感。[21]

在世博会的一片愉悦希冀中，似乎没有什么是文明进步无法企及的。同样，大自然的进化已然融入了生物界的特质与历史，所以说人类的跃升是因为这种自然的发展是唯一合乎逻辑的答案。每一天，我们的方方面面都变得越来越好。美国成为世界第一强国，这是追求民主思想、良好运作的政府、科学、和平和自由的结果，而这也许是事物发展的自然规律。人类进化也如出一辙。如果说生物进化是一座旋转木马，那么人类就是最后转的那一下。

但是用不了多久，我们这份最后的安慰也会被夺走。世博会终将落幕，曾经的会场也将长期停用，无人问津。美国的领导地位和自信会遭到"越南战争"和"水门事件"等新闻热词的冲击。我们希望能站在进化树的顶端为自己欢呼，但这个愿景将逐渐消失。

人类登顶的过程并非一帆风顺，在《早期人类》那几页光彩照人的插图中早有线索。就在那几只昂首迈向辉煌现代的灵长目头上，是一条条标示年代的图例，每个时期都存在几种形态各异的猿类。当中有几种在走向灭绝之前，其血脉就交错融合了，也就是说这几个物种曾共同生活。人类的进化并不是一个稳步向前、一路到底的过程。不久以后，新出土的发现只会让人类的家族树更加复杂，在这些反复的关系中等待我们的将是生命的一个小玩笑。

最后的人类？

如果有人要我推荐一本与《早期人类》同类的内容更新的书，我会选择《最后的人类》[22]，它也是一本适合放置于客厅或小房间作为谈资的读物。其副标题为"22 种灭绝人类指南"。它的目的是带领读者深入了解智人"祖先和亲戚的灿烂往事"，并出色地达成了这个目标。书中展示了一支由美国自然历史博物馆工作人员组建的考古队伍，他们把出土的化石铸型，通过对肌肉、肌腱和皮肤进行堆叠，重塑消失在历史中的一张张古人类的脸庞，呈现出令人瞠目的逼真效果。这些重塑的模型以全彩照片的形式呈现，配以非洲大陆的栖息地描述为背景，书页之间增色不少。更引人注目的还是它讲述的人类起源故事。

人类的进化绝不是一步一步走向现代伟大物种的故事。以该书立序者伊恩·塔特索尔（Ian Tattersall）的说法，人类的历史其实是"一个多样化的原始人类家庭的故事，它在各个时代中伸展蔓延，而不是蜿蜒前行"。[23] 40 余载研究和发现将《早期人类》和《最后的人类》分成不同的阵营，在那个不太遥远的过去，纷繁多样的人类种群在非洲的平原、森林中悠然漫步，直至今日，只有一种古人类（我们）存活下来，这两幅场景差异巨大。或者就像塔特索尔所说："如果将恒久不变的进化故事（往往是一段讲述灭绝的故事）当成一棵枝繁叶茂的大树，那么人类就是那根幸存的树枝。"[24]

我们认为人类的出现是一个胜利者的故事，是进化斗争"成功"的结果，重点是我们自愿甚至怀揣着这种想法。但就一个重要层面而言，它并非如此。斯蒂芬·杰·古尔德于 1991 年出版的文集《为雷龙喝彩》[25] 中有一篇文章探讨了这种可能性。古尔德所举的例子就是驯养动物中最为人熟知也最受喜爱的马。时至今日，看看马在人类历史上扮演的角色，西班牙人成功征服美洲原住民靠的就是马背上的功夫，所以这个非凡的物种是进化篇章中一个成功的范例。莎士比亚曾写道:"一匹马!一匹马!用我的王国换一匹马!"试想,如果在欧洲人踏足美洲之前,部落原住民已经骑在这些强壮动物的背上,那么历史将被如何改写?

在其文章"生命的小玩笑"(Life's Little Joke)中,古尔德讲述了赫胥黎和耶鲁古生物学家 O. C. 马什在 1876 年的一次会面。赫胥黎早年在欧洲收集了一批马化石,想将它们构建成系列,希望能以此记录现代马的进化历程。他尽最大的努力尝试,在结果即将出炉之际却失败了。从马什收集的大批化石可知,现代马匹实际上是在北美大陆而非欧洲完成进化的。在过去,有好几种马曾数次迁徙到亚欧大陆,但如今这些化石只能为马的进化提供零碎的证据。自这些证据被披露,赫胥黎便站在了马什一边。马什展示了过往的三趾小马如何进化成今天体形壮硕的骏马,脚上仅有的一趾也形成了蹄,这样的进化过程为赫胥黎构建了一架"进步的梯子"。赫胥黎旅美时多次在讲座中引用了这些图像,后来还增加了马化石头盖骨与已发现的地质年代相关的数据。[26]

这些图像给人的印象与《早期人类》一书中的著名插图《进化的历程》十分相像,同样是从远古简单隐晦的形象演进为现代显著而壮美的物种。但这其实是个错误的印象。随着马化石的细节得到进一步挖掘,真正的故事不再呈线性发展,而是像一丛枝节交错的灌木一样反复分叉。灭绝事件多次把这些枝节掰断,只剩下一个分支尚存至今——现代马,或称"马属"。最近,佛罗里达大学的学者布鲁斯·麦克法登(Bruce MacFadden)继马什之后成功地绘制出又一份进化图表,描述了超过 30 种灭绝的马属物种,并列举出 100 多个马种。[27]

那么,为何像赫胥黎和马什这样睿智的科学家会从人类进化的

人类的本能

角度描述马的进化，认为其同样从化石祖先的时代一路高歌猛进至现代？古尔德认为，并非因为马能顺利继承祖先血脉，而是因为它们的继承几近以失败告终。

真正成功的进化线会不断开枝散叶，分化出几十个甚至上百个物种。例如，家族最为繁盛的哺乳类谱系——啮齿类动物，它们有超过2 000个种类，占了哺乳类总数的近40%。所以从未有人把单一鼠类的祖先与挪威旅鼠或者草原田鼠的历史挂钩，因为这样会轻易把一群鼠类与另一群混淆。马的情况则不然，它的进化树已经灭绝得所剩无几，现代马是其家族中唯一的代表。曾经繁荣而活跃的马，如今剩下的只是一个属中的一小部分种群。当然，最大的讽刺就是，马不能十分顺利地继承血统。除了一个仍未灭失的分支，马的谱系几乎荡然无存，那仅有的分支也在挣扎求存，直到一种双足行走的灵长目动物把它们据为己有。

古尔德认为，这就是生命开的一个小玩笑。不成功的血统诱使我们把进化看作从过去到现在的阶梯式发展。随着时间的推移，物种不断分化，进化带来的改变确实就像满布枝丫的树丛，未曾流露出一丝身体改善或进化方向方面的提示。古尔德说，演化的进步"只适用于在灭绝边缘徘徊、未能成功继承血统的物种。假如这处树丛仅存一根枝条，那么我们会误把它当作梯子的顶端，但只有在这种情况下我们才能把这棵树理解成谱系"。[28]

按照这种标准，今天的马也许会被视为"最后的马"。按照同样的标准，我们智人代表着"最后的人类"。在进化的层面，我们的家族谱系非常失败，而同时我们也是这个失败的家族中仅存的代表。你可能会说，我们只是众多失败选手中最后一批逗留者。这句话让人听着难受。科幻作家布莱恩·斯维特克（Brian Switek）这样写道：

从未有过"人类的跃升"这种说法，无论我们对这个愿景多么向往，正如"人类的堕落"一样，祖先如此高贵，我们不可能从此退化的说法也是空穴来风。人类的家族树枝繁叶茂，而我们只是那一根颤颤巍巍的树枝，是最后的一缕痕迹。我们却愚蠢地孤立自己，以为这样就能在生命无情的斗争中成为真正的赢家。[29]

顺便提一下，认为任何特定化石都是我们和猿类祖先之间"缺失的一环"的说法是错误的，上述说法就是根据。令人惊叹的多样性曾经也是人类血统的特性，也敲定了人类进化的源头。曾曾曾祖父母的子孙在进化树被截断的过程中存活，才繁衍了后来的我们，也就是最后一批幸存的人类，但正是这种多样性使得确认我们真正的祖先变得更加复杂。

人类的降级

在 19 世纪的社会，有人可能会发现，进化的残酷事实在艺术作品中被淡化了，展现出人类站在生命之树顶端扬扬自得的模样。1874年，德国动物学家恩斯特·海克尔（Ernst Haeckel）创作了这样一幅画作《人类的进化树》（*Genealogical tree of humanity*），并嵌入了其著作《人类起源》（*Anthropogenie*）中。海克尔的画作虽然没有把人类描绘成沿着生命阶梯直线上升的终点，却肯定了人类在生命世界的最高位置。当然，海克尔并不知道我们会在 20 世纪和 21 世纪发现如此丰富的史前人类化石。进化树上居高临下的枝叶体现着成功和优势，而他就像林奈当年所做的尝试那样把人类置于最高位。

虽然人们仍沉浸在海克尔所描绘的生命之树的美好想象中，但我们今天要绘制的图景将大不相同。生物学家认为将物种分出高等与低等是个错误，因为所有生物都是同一进化进程中的真切部分。你手拿铅笔，连铅笔头上的细菌也像你一样进化得"五脏俱全"。当然，它另辟了一条生存的蹊径，但仅凭这点把它打落到生命之树的底层，或者认为人类至高无上，都是毫无道理的。所以我们需要一棵更加精确的"树"来强调生物之间的进化关系，它会是这样的（见图 3-1）。

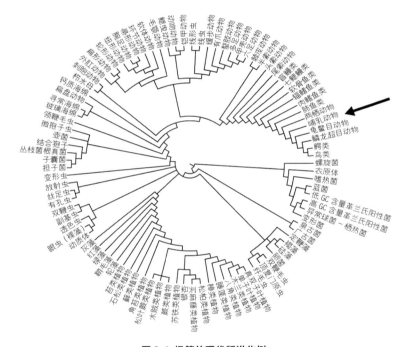

图 3-1 极简的现代版进化树

该图说明各物种起源于一个共同祖先，之后分化出纷繁复杂的物种。在其辐射范围内，没有物种高于其他物种。原图由戴维·希利斯博士（Dr. David Hillis）提供。

这棵现代版的进化树建立在生物的单一起源概念上，其在外缘不断长出分支从而形成一系列动物族群。不同点是没有一个单独的生物门类能霸占"树冠",也不存在任何沦落底层的物种。人类是哺乳动物的一员（见图 3-1 的箭头处），如果图 3-1 可以更精细，那么哺乳动物本身会被进一步划分为几十个相同的分支，每一个分支都延伸到最边缘，代表一个单一的生命体。因此，没有科学理由认为有任何一个分支与众不同、理应得到优待或天生处于主导地位，人类也不例外。

平平无奇的人类细胞

我是一名训练有素的细胞生物学家，我在几乎所有研究中都要用到显微镜，特别是电子显微镜。电子显微镜与电视机差不多同时问世（发明者也是同一批科学家和工程师），它的神奇之处是可以让我们看到分子层面的组织和细胞。[30] 每天都能与这样先进的仪器打交道是莫大的荣幸，我总是对显微镜下活细胞淋漓尽致的呈现感到无比敬畏。[31]

我的工作通常是研究植物细胞，也用高清显微镜分析大量动物组织，有一部分是人类组织，由此可以得出一个显而易见却再平常不过的结果：人类的细胞其实平平无奇，实际上它们与其他哺乳动物的细胞没有区别。一名经验老到的细胞生物学家能够轻易地从一堆显微镜照片中分辨出肝细胞和肌肉细胞，或者胃部内壁附近的胰细胞和一般胰细胞。但要辨别人类和老鼠、蝙蝠或马的肾脏细胞，情况便大不相同了。从细胞的角度看，生命就是一个整体。而我们人类与其他动物无不是细胞的集合。

在分子层面，情况也大致相同。DNA 是所有生物细胞的遗传基础。物种间 DNA 的复制方式、控制基因的方式以及发育调节的方式确有不同，但这些因素与其说是单纯的差异，不如说是围绕着一个主题衍生的变化。所以，当生物学家研究细胞内蛋白质的运动或者细胞分裂机制时，他们找不到任何能与其他哺乳动物区分开来的人类细胞，更别谈与其他脊椎动物划定出分界线了。我和其他细胞生物学家一致认为，如果生命的关键元素能够在细胞中被找到，那么我们就不需要重视人类细胞而轻视其他复杂动物的细胞了。

上述的相似性不仅在于显微层面的细节，还延伸到我们一向认为使人类如此特别的一些特性上，包括制造工具、懂得幽默，甚至有道德感。灵长目动物学家弗兰斯·德瓦尔（Frans de Waal）专门写了一本书来回答"进化能否解释人性"这个问题，并指出这个想法使很多人不安：

> 我们来源于那群长臂多毛生物的说法只占了进化论的半壁江山，另一半则由其他生命形式支撑着。我们不仅拥有动物的身体，还拥有动物的思想。我们可能难以接受这种说法。[32]

认为人类源于猿类的说法确实很难让人接受。但是弗兰斯·德瓦尔指出，我们的大脑甚至没有我们想象的那般新奇：

> 如果我们没有盲目相信过去数千年的科技进步，再去看待人类，那么会看到一种有血有肉的生物，尽管其脑容量比黑猩猩的大3倍，但并没有新结构出现。人类的智慧程度可能更高，却缺少了黑猩猩身上同样缺乏的基本欲望或需求。[33]

这就是问题所在。人类的独特感自古以来就在无数文明中流传，而我们日益增长的比较生物学知识撼动了这份独特感。那么，我们能否在宏大的进化史诗中找到一份慰藉呢？这颗小小的蓝色星球上正在上演一出生命的戏剧，也许过往是一段开场白，而自然历史衍生出人类的必然性则是这出大剧的高潮。如果我们注定是这一切的结果，那么我们就是生物稳步进化的产物，从古老的低等生物一路攀升至崇高而完美的人类。起码，我们是适者，是优者，也是智者，是生存斗争中最终的绝对赢家，所以能存活至今。这是一句振奋人心的话，却不过是谬赞。

奇妙的意外？

古尔德在著作《奇妙的生命》[34] 中阐明，我们出现在这颗星球上至少有运气成分，认为是自然选择的结果也不为过。作为一名古生物学家，古尔德把读者的目光带到一片意义重大的化石群中——英属哥伦比亚的布尔吉斯页岩。岩石里的古生物宝库长期以来让生物学家着迷不已，因为它们就是化石中某些早期复杂生物的代表。布尔吉斯页岩生物群可以追溯到大约 5.3 亿年前的寒武纪时期，它们的形态结构和体形多样，令人眼花缭乱，其中只有少部分与如今我们身边的主要动物种群有联系，其余的早已灭绝。

人类所属的主要生物类别（生物学家将其单位定义为"门"）——脊索动物门在寒武纪的代表是一种简单而微小的生物，名为皮卡虫。这种在水中游动的微小生物很容易被误认作蠕虫，如果它确属脊索动物门——当然并非所有科学家都同意，那么今天的鱼类、两栖类、爬行类、鸟类以及哺乳类都是它的后代。但皮卡虫的身体结构与布尔吉斯页岩中的许多生物相差无几。专家认为某些化石是软体类、节肢类和环节类动物（包括蚯蚓）的祖先。而有些则代表在寒武纪灭绝的生

人类的本能

物，种类完全不一样。如果我们是这群幸存的"赢家"之一，那么这些逝去的物种就肯定是输家。

现在，古尔德提出了一个关键问题。假设我们把生命的历史想象成一部录影带，回放到寒武纪，然后把一切重播一遍，结果会一样吗？皮卡虫的身体是否有可能高度进化，再次幸存，而寒武纪的其他种群却再次灭绝？古尔德给出的答案是确凿的"不可能"，他向读者保证，寒武纪的生物没有任何天生的特质来注定它能否成功存活并繁衍。坦白讲，哪种身体结构能保留并顺利延续到今天所见的动物种类身上仍是未知数。也许人类就是赢得这张"生存彩票"的幸运儿，但这种运气对我们毫无用处。进化就像买彩票一样，都是随机抽取的。

难道进化的具体趋势不是肯定的吗？难道哺乳类凭借与生俱来的优势再次经历恐龙时代进而繁衍分化的可能性不大吗？答案只有一句：不大！事实上，哺乳类的崛起就是进化历史得以延续的铁证之一。古尔德解释说，恐龙之所以灭绝，完全是随机的自然灾难所致——一颗撞击地球的小行星。

> ……如果恐龙没有在这次撞击中殆尽，那么它们有可能会一如既往地长期统治主导大型脊椎动物的世界，哺乳类则依旧是狭缝中渺小的生物……全然因为我们是幸运儿，人类才得以作为体形壮硕、拥有理性头脑的动物存活至今。[35]

如果古尔德描述的小行星在数百千米外与地球擦肩而过，那么人类和其他哺乳类所填补的生态位很可能仍然为爬行类所占据，我们认知中的世界将面目全非。这对人类的存在而言意味着什么？人类的存在不靠某种天生的优势，纯属意外。

因此，如果你想问一个古老的问题：人类为什么会存在？答案的主要部分涉及科学可以处理的那些方面的问题：人类就像在布尔吉斯大灭绝中得以幸存的皮卡虫。[36]

我们来到世上，竟是因为一种微不足道的细小生物想活着逃出寒武纪，还因为一场"幸运"的大灾难，让曾经漫步地球、蔚为壮观的动物最终销声匿迹。亨利·吉在《意外的物种》一书中回应了这个主题，他认为我们分析人类进化史的时候犯了一个大错——我们总觉得自己是独特的或非凡的。他表明，几乎每一个把我们置于进化阶梯顶端的故事都在诉说人类的独特和卓越，但这些特性并非人类独有。

长颈鹿的行为就足够独特，大黄蜂、短尾矮袋鼠、熊狸、袋狸，甚至秋海棠都非常特别。每个物种本身都是独一无二的，这也是它们成为"物种"的缘由，人类不过是千万生灵中的一分子。把人归入特别优良的行列，这种做法被称为"人类例外论"，往往是主观臆断在添油加醋。当然，给我们颁发独特大奖的人正是我们本身。[37]

接下来，亨利·吉在很多通常被视为例外的特征上着墨。在他举的每个例子中，他都认为这些特征是多个因素的集合，包括机遇——与人类攀升至地球主宰位置的关系淡薄甚至无关的因素。双足直立行走一般指祖先为了制作工具解放双手的适应行为，但其他物种即便能制作、使用工具，依然是四肢着地的姿态。某些人类远亲的确用双足走路（吉以山猿为例，那是一种灭绝的猿类，名字源于在意大利撒丁和托斯卡纳地区发现的化石），但从未制作过工具。那么两者之间的关

人类的本能

联何在？吉指出，双足直立行走既不特别也非人类独有，每种现代类人猿都受自身"十分独特的进化环境"制约，从而产生自己的运动方式。双足行走出现之际，"它就像猿类的其他行为一样，成为个体的特征，而不是猿猴向天使逐渐转化所踏出的第一步"。[38]

亨利·吉并不认为人类脑容量的显著增长（见图2-1）、工具制造甚至智力的提高与自然选择的结果有直接联系，而直指如食物烹调等饮食习惯以及新陈代谢的因素都有可能为这些修复度极高的神经组织提供支持。他认为，这些元素与人类的血统融为一体是一个偶然事件，无关紧要。我们从其他生物的各类研究中不断发现，人类高度发达的语言也是异曲同工，但也非人类独有。下意识的自我认知，比如能否辨认镜子里的自己，我们当然能做到，然而其他类人猿也能做到，甚至连大象、海豚以及乌鸦也会展示出惊人的认知能力。

亨利·吉在《意外的物种》一书的后记中阐明，天下众人都渴望进化的故事能有"好莱坞式的美好结局"，但这种结局根本不会出现。

人类确实喜欢讲故事，传统观念上的进化图景如一个庄严而平庸的队列，人性是队列的领头旗帜，即便如此，它也只是个故事。因此，它揭露了人们对达尔文进化论的严重误读，也说明任何以化石为依据的假设，靠这个故事是永远站不住脚的。[39]

重获意义

古希腊人有一个词 telos，用来形容一个客体或过程的目标或意图。尽管我们可以说棒球棒的用途很多，但是它的最终用途还是击球。笔的最终用途是写和画，而受精鸡蛋的最终目的当然是发育成鸡。那么进化的目标和目的是什么？我们能洞察进化论的目的吗？因为它能揭示其终极的目标和目的。

已故的 20 世纪伟大进化理论家恩斯特·迈尔认为，我们没有这个能耐：

> 进化本身往往被视为一个带有目的的过程，因为它能促成"改善"或"进步"……然而，一旦人们完全理解达尔文进化论的多变性，它就不再合理，没有终极目标，可以说每一代都要重新开始。[40]

如果进化本身没有终极目标，那么作为演化产物的人类也不是它要的结果。相反，吉和古尔德认为人类在一系列的意外和偶然事件中幸存，这些事件或大如宇宙，或微如凡尘，但在整个宏大的进化图景中，就连蒲公英、甲虫或细菌都比它们更有意义。

这给了我们什么启示呢？我们现在该如何看待自身存在的奥秘？除非它不再是个谜团？你可能会说，我们一度以为自己能够独立于自然，几乎每个文明都视人类为神明亲手创造的艺术品。但我们复杂的身体结构揭露了人类与其他动物的相似之处。我们被归为灵长目，也肯定在所有动物中位列首位，但仍然是动物。之后，我们知道了一个最令人惴惴不安的家族秘密：回溯到更久远的过去，发现自己的祖先根本不是人！尽管出身尴尬，我们却仍然坚信人类是这场生命之战的最终胜利者。但是，些许的慰藉不会持续太久，我们知道自己已经走上了一条焕发生机的道路，但这条路充满曲折和偶然，没有计划，没有设计，也没有目的。我们就像一个不受欢迎的孩子，最终知道了自己的出现是一场意外。我们的面世未经策划，并非所愿，也并不得意，不过是另一个被机遇和崎岖命运的车轮碾轧的物种。

难道这是我们看待自己在宇宙中的位置，看待人类在地球上的现状和定位的唯一途径吗？

人类确实源于进化，但并不是说我们从自然中进化而来，准确地说应该是我们与自然齐头并进。生物界以及作为营养和灵感来源的动植物同为进化的一部分。所以我们应该为得知我们是自然界的产物而感到高兴。但正如我们所见，这不代表自然历史的进程早已注定，也不代表进化成人是个必然结果。远非如此。正如古尔德非常有说服力地指出的那样，自然史的具体情况可能会有截然不同的结果。

然而，所有生命形式都拥有一种始终如一的特质，那就是去探索生物学家所称的"适应性空间"。生物生存和繁衍的途径多样，随着时间的推移，进化会把全部的途径尝试一遍。其中适应性空间中某些明显的生态位，已经被强大的食肉动物（如狮、虎、熊）和动作敏捷、善于潜藏的食草及食叶动物（如鹿、麋鹿和瞪羚）占据，还有很多不太明显的生态位栖居着甲虫、蘑菇、黏菌、蜂鸟和绦虫等小生物。在白垩纪的大灭绝把恐龙时代终结之前，爬行类曾经独霸所有哺乳类今天所在的位置。之后，哺乳类迅速适应并取而代之，填补了恐龙遗留的空缺。之后，情况同样如此。每一次，生物都通过演化适应环境，填补因为灭绝造成的生态位空缺，很多栖息地和地球的生态平衡也因此得以恢复。

其中有一个生态位是人类独占的。人类能够填补这个位置也是进化的结果，就像其他生物一样。我们聪慧敏捷，有自我意识，高度社会化，肉草兼食，并具有抽象思维和象征思维，这些特征使我们成为生物界的新鲜事物。当然，我不会说人类独有的位置在过去曾另有所属，这个生态位其实一直虚位以待。所以这一次，进化找到了一种合适的补位物种！换句话说，我们知道的自然法则中的一切，就是人类生存的依据和基础，人类必须与之步调一致。人类是一种与众不同的灵长目动物：全身无毛，双足行走，智慧超群。人类的出现无疑是出乎意料的，但并非"随机"情况，不是所有的生物或生命形式都有机会在"人类的"生态位出现、繁衍。

生物学家认为，生态位指生物赖以生存的一系列生态条件。这些条件基本包括温度、湿度、可摄取的营养物质以及与所处环境中其他生物的关系。从这点来看，我们一开始也是不起眼的灵长目动物。人类起源于非洲，身体对生态的适应性无异于这片大陆上的其他类人猿。但无论如何，我们的社会适应性、沟通能力以及过度活跃的中枢神经系统，把人类与其他类人猿显著地区分开来。这三种特性成就了一种适应性特别强的动物，它能够远离原生的环境网，在每片大陆、每种环境中创造自己的生态位。在非洲灵长目动物通常无法忍受的条件下，这种适应性极强的动物却能世代繁衍。

的确，"我们"（智人）可能从来不会出现，自然选择也"没有个性、没有记忆、没有远见、没有终点"。[41] 但人类最终还是出现了，并做好了思考的准备：应该如何看待自己这个意外。我们不该认为人类的地位因进化而被削弱了价值，为何不试着为每一刻的意识觉悟而感到喜悦呢？我们应该提醒自己，在鸿蒙初开之际，人类生命出现的可能性就已经融入了宇宙的物质和能量之中！此外，人类与其他动物的区别不在于具体的身体结构、生理细节，或者与进化树上其他分支的特殊关系。人之所以为人，就在于我们具备独有的学习能力，能审视存在的本质，并理解自身出现的过程。

为何这一切会发生？再看看展现生命大爆发的图 3-1，一如达尔文所说，生物的形式从简到繁。如今的生物同样在不断多样化，持续创新和探索新的生态位。进化不断衍生出新物种、新能力和意想不到

人类的本能

的适应性。如此看来，出现一种拥有高度智慧、高度社会化、适应性极强的动物不过是进化跨越时空限制、不断搜寻一个又一个生态位的结果，也许还是一个预料之中的结果。

理查德·道金斯曾写道，我们认知中的宇宙对人类和生命"熟视无睹，毫无怜悯"。[42] 但他理解有误，他笔下的无情宇宙实际上正迸发着各种演化的可能性——正如我们的宇宙所展现出来的那样。值得注意的是，道金斯所说的冷漠宇宙已经孕育出能够思考生命价值、美感和意义的生物。那些从进化中吸取经验的生物现在正不顾一切地搜寻宇宙其他地方的生命，似乎就是为了突出这一点。

成功找到外星生命的机会有多大？没有人做出肯定的回答，但在多年前，天文学家弗兰克·德雷克（Frank Drake）以系统化的方式解释了这个问题。他提出一条方程式，列出了一系列概率，将这些概率相乘，即可计算出银河系中其他地方存在生命的概率。这就是著名的德雷克方程：

$$N = R^* \times f_p \times n_e \times f_l \times f_i \times f_c \times L$$

其中：R^*——可以维持生命的恒星的形成概率；f_p——具有行星系统的恒星分数；n_e——每个适合生命生存的太阳系中的行星数量；f_l——适宜生命出现的行星分数；f_i——出现智慧生命的行星分数；f_c——能够通过向外太空释放可探测信号进行通信的智慧文明分数；L——这些文明释放可探测信号的时长。

在德雷克方程中，将七个系数相乘计算 N 值，即银河系中的文明数量。严格来说，实际上我们对于七个系数的了解并未达到令人满意的精确度。天文学家一度怀疑太阳系外存在真正的行星，而今发现行星原来遍布银河系——而银河系只是 1 000 多亿个星系中的沧海一粟。类地行星如今已不罕见，也就是说地球上能孕育出生命的环境也能存在于别处，尽管当我们凝望遥远的星系和恒星时，只能猜测出可能的"别处"有多少。

然而，面对所有的不确定性，德雷克方程所展现的却是无限乐观。弗兰克·德雷克认为，生命在银河系中至少进化过一次，所以银河系的上千亿颗恒星中肯定有其他地方再次见证进化。不出意外，德雷克和其同僚兼好友卡尔·萨根共同设计了两代"先驱者号"宇宙飞船（分别于1972年和1973年发射）上的特殊镀金铝板，为了向可能遇到的地外文明提供有关人类和地球的信息。德雷克、萨根以及其他寻求外星智慧的先驱正以一种非常直接的方式讲述今天我们要牢记的宇宙本质。生命不是超自然力量的结果，也不是自然法则的特例。相反，是物理和化学定律，以及宇宙环境直接孕育了生命。简而言之，生命是意料之中的事，而智慧生命与生物界的各种特征一样，都是这些条件的产物。

试想在一个充满物质和能量的空间里，随着一次轰然爆炸，宇宙便诞生了！这个宇宙的基本作用力和物理常数往往维持平衡，在多与少之间徘徊。若这些力量不够强大，就会导致初生宇宙坍缩，但也不会无力到抓不住宇宙中的物质，任它们在不断膨胀的空间中飘散，直至消失。相反，宇宙会被这些作用力聚合成无数集群。有些集群变得非常巨大，产生的惊人重力足以把原子挤压在一起，从而有足够的热量和动力来启动无数恒星的聚变反应。这些恒星通过化学作用生成重元素，大量重元素喷薄而出聚拢成彗星、卫星和行星。不久之后，这些由恒星和行星系统组建的巨大星团逐渐形成了1 000多亿个星系，而且这个空间仍在不断扩展。

在这些行星中，唯独地球的所有条件恰到好处，正酝酿着某件不凡之事。在恒星熔炉般的高温下，原子形成并互相产生化学反应，随

人类的本能

后进入自持状态。用不了多久，原子会形成隔间，将反应封闭并开始进行复制。这就是细胞的源起。这些活细胞触发了进化过程，而生命不仅在这颗星球上蔓延，还焕发活力——原始生物在吸收恒星的光芒后释放高活性氧气，渐渐充满地球的大气层。进化衍生出统领陆地和海洋的微生物，但也尝试分化出能够爬行、攀登、行走甚至飞翔的生物。进化能够无止境地探寻物质之间互相作用的可能性，凭着这股力量，一种能够意识到过往一切的不凡生物现身了！

这种生物发现了自身存在的规律，它探究过往，寻求自己和其他生物的历史；它开始探索和理解宇宙的浩瀚、自己存在的不可能性有多大，以及自身与其他所有生命的亲密关系。我们可能会问：这种生物应如何看待自己？它是否会觉得这颗星球上所发生的一切都无关紧要？它会认为自己只是原子和分子临时集合的结果，与广袤时空中其他物体的集合并无二致吗？得知自己在宇宙大爆炸到今天这趟史诗旅程中被赋予了生命，获得了生命和意识，是否就有理由相信它在宇宙中拥有特殊的定位？它的出现是否具有真正的意义，它的自我意识又是否成功体现宇宙潜能？它不是迷信的遗物，也不是上帝创造的一件自负的工艺品，总认为人类的出现对这颗星球和宇宙十分重要。相反，它是对事实冷静而理性的评价，而事实是：在我们所知的生命世界里，从来没有存在过像我们这样的生物。

人类所表现的知觉、理性和意识是否属于宇宙的终极目标，我未能明说。但我能够回应卡尔·萨根说过的一句话："我们是宇宙认识自己的一种方式。"一个物质世界最终孕育出一种能够探索和解释自己存在的物种，这无疑是其历史的转折点。

第四章

万物解释者

强奸是个丑陋的词，甚至丑陋到难以启齿。它指的是我们所能想象到的最应受谴责的罪行，但强奸仍然在每个人类社会和阶层肆无忌惮地发生。为什么会发生强奸事件？强奸犯的动机是什么？既然所有文化都表达了对强奸行为的厌恶，为何却存在羞辱受害者，有时甚至为罪犯开脱的情况？

这些都是棘手的问题，它们在关于强奸本质的长期争论中已经掀起波澜。是因为男性进化成强奸犯了吗？这是性冲动造成的犯罪，还是权力和支配欲所致的恶行？它是由一种可能会变化的"强奸文化"驱动，还是由一种连社会和强奸犯本人都无法完全控制的生物本能驱动？

1975年，苏珊·布朗米勒提出了一个著名的观点，她认为强奸"不是因欲望而犯罪，而是一种暴力和权力的罪行"。在《违背我们的意愿》[1]一书中，她称强奸不仅是一种犯罪，还是一种压迫工具，迫使女性屈从于男性的社会地位。布朗米勒认为："强奸是一种不折不扣的有意识恐吓行为，所有男性通过这种行为让所有女性陷入恐惧之中。"[2]这种恐惧是人类社会性别不平等的根本原因。她认为，强奸犯并非扰乱社会秩序罪犯中的特例，而是社会不公的重要因素。"犯下强奸罪的男性不是社会异端或者玷污纯洁的人，他们实际上充当了一支'前线突击部队'，是一支恐怖分子游击队，进行着世界上已知持续时间最长的战斗。"布朗米勒一如既往地直言："所有男性都能从强奸中受益。"因为强奸的存在使女性依赖男性，寻求保护。

布朗米勒的书引发了一场关于强奸本质的激烈讨论，显然也提高了人们对强奸严重性和其对女性影响的认识。民众普遍认为这场热议加强了制裁强奸的法律，改善了刑事司法系统对待遭强奸的幸存者的方式。但是大众并没有普遍接受她关于强奸原因的论述，事实上其文章遭到行为学家的诸多批评，尤其是男性性冲动与强奸几乎毫无关系这一点。布朗米勒援引比较生物学的观点："据我所知，动物学家从未目睹动物在其自然栖息地（即野外）存在强奸行为。"[3]布朗米勒认为繁殖性行为不属于强奸，就先天后天之别而言，她反而认为后天才是罪魁祸首。强奸并不存在于我们的生理中，而是存在于我们的成长过程中，存在于父权社会制度中，这些制度或许在暗中容忍甚至支持通过强奸威胁来征服女性。

无论布朗米勒的论点有什么优点，她关于其他动物之间不会发生强奸的断言都是错误的。以强迫性性交为形式的行为已被博物学家广泛报道过。[4]更重要的是，很多人类学家认为，布朗米勒把男性的性冲动排除在强奸行为之外似乎是随意揣测且带有政治倾向。[5]

该书是她作为一名记者长期活跃于政治活动（包括民权运动）的

成果，从其论点的性质可见一斑。她将针对女性的暴力行为比作美国南部残害黑人的私刑，认为这两种行为都是统治阶级或占主导地位的性别有意而设的工具，就是为了维护一种独断专横的社会秩序并从中获益。在布朗米勒看来，无论是女性还是黑人，作为一种社会建构，两者都可以，也应该以正义之名改变现状。

在布朗米勒把强奸问题提到社会正义话题的前沿时，生物学领域正酝酿着一场新的运动，其实质就是认定科学长期以来都忽视了进化的自然现象对人类行为的影响。传播这一运动的人认为，是时候从达尔文进化论冷静、科学的角度重新评估行为科学所阐释的关乎人性的一切了。于是在1980年，有两位研究这一模型的学者宣布，布朗米勒错了！两人已经确定强奸行为的实际原因，因此对强奸犯动机的惯用解释现在可以摒弃了。他们宣称已经找到了答案，因为他们所用的分析工具是以进化论为基础的。他们是生物学家兰迪·索恩希尔（Randy Thornhill）和人类学家克雷格·帕尔默（Craig Palmer），两人合著的《强奸的自然史》[6]将强奸的倾向描述为一种生殖策略，因为它受到自然选择的青睐，所以这种策略依然存在于今天的人类中。用最粗俗的话来说：男性天生就有强奸的冲动，因为这是进化使然。

索恩希尔和帕尔默从一系列分析强奸的统计数据中得出了结论。他们指出了以下几点：（1）年轻男性的强奸行为比年长男性更为频繁；（2）处于育龄期的年轻女性往往是他们下手的目标；（3）所有文化中都存在强奸行为；（4）法律对强奸的抑制力是有限的；（5）拥有最大生育潜力的女性被强奸后所遭受的心理创伤最为剧烈。两人认为，人类文化中的强奸，无论是上述列举，还是其他方面，都只有一种解释：强奸是所有社会都存在的一种行为，因此，强奸必然是人类进化的结果。既然进化论可以解释所有人类行为（即使是最平平无奇的行为），那么关于强奸的冲动也能找到答案：

> 我们在打量生物的特征时，能否用进化解释从来不是一个问题。唯一合理的是如何应用进化原则。所有的人类行为都是如此，即使是美容手术、电影内容、法律制度和时尚潮流等副产物也无不如此。[7]

两位作者对于强奸一定是进化的产物这点均不存疑，并认为对于就强奸普遍存在的非生物学解释，包括布朗米勒的观点在内，都可以不予考虑。在他们看来，关于强奸唯一"合理的科学论题"也许在于"强奸是强奸适应的结果，还是其他适应行为的结果"。[8] 有点儿讽刺的是，科学作家沙伦·贝格利（Sharon Begley）对他们的论点做出了如下总结：

> 早在十万年前的更新世后期，拥有强奸基因的男性比没有它的群体更具生育与进化优势：他们不仅与有意愿生育的伴侣结合，也与不情愿的伴侣进行繁殖，这能让他们留下更多（携带着强奸基因的）后代，这些后代也更有可能存活并继续繁衍，直到千秋万代。那就是今天的我们，所以我们携带强奸的基因。而那些缺乏强奸基因的史前男性，其谱系已经逐渐灭亡。[9]

贝格利继续奚落索恩希尔和帕尔默提出的众多结论，但她针对的实际目标要大得多。因为他们研究的基础就是名为"进化心理学"的完整科学领域，贝格利对进化心理学刻薄的批判并不罕见。1997年，在威廉·巴克利（William F. Buckley）的电视节目《火线》（*Firing*

Line）上担任辩论主持人的迈克尔·金斯利（Michael Kinsley）对此做了一番解释：

> ……进化论不仅适用于身体素质，而且适用于各种各样的人类行为。今晚你们会在这个礼堂参加这场辩论，是由以往无数代人对我们共同的人类祖先施加的压力所决定的。这只是进化心理学家的一句稍微夸张的措辞。[10]

也许这句话的力度比"稍微"夸张更大，但是进化心理学确实想从远古的角度看如今自然选择压力的影响，以此解释人类的行为。从生物学的角度来看，今天的技术文明是一种新事物，如果我们真的想了解人类，就必须往回走一步。索恩希尔和巴恩斯对过去环境的重要性做了如下解释：

> 在考虑人类行为适应性时，尤其要记住的是，当前环境与进化历史中各种环境的区别。今天大多数人类生活的环境包含了进化衍生出的新成分……所以人类的行为有时对当前环境的适应性较弱（从进化的角度来看）。[11]

用索恩希尔和巴恩斯的话来说，强奸可能是一种行为特征，这种特征现在对"当前环境的适应性较弱"，但在史前时期有某种用途。当然，这种用途并不理会对受害者和幸存者造成多大伤害，只是为了确保强奸行为的基因能够成功传播。

如你所料，人们对索恩希尔和帕尔默的书迅速做出反应，争议频频，而且基本上充满敌意。我也将考虑在后文对其著作提出一些反对意见。现在，我们把他们这些极具争议的结论作为范例，看一看进化心理学的学者们如何将文化、行为、心理学以及简单的人类好恶解释为自然选择下达尔文主义力量所塑造的适应性。如此，它把科学的砝码稳稳地放在了"先天后天经典理论"天平的"先天"一侧。对于人类接二连三的行为，进化心理学似乎会简单地解释为："是我的基因让我这么做的。"人们普遍认为行为、文化和好恶都与我们的基因息息相关，这样一个有影响力的"思想流派"是如何引领这个观点的呢？

信不信由你，你也许会说这一切都始于蚂蚁。

蚂蚁与人类

从小到大，我的运气都不差，其中一个重要的原因就是我们在新泽西州的家后面有一块空地，它的面积是普通房屋空地的 3 倍大，非常适合运动，尤其是打棒球。当时的生活很惬意，附近住着一群与我年龄相仿的小孩，纽约扬基队也正红火，所以我们把几棵位置长得正好的树当作一垒和三垒。夏天，我们几乎每天都会打比赛，当然，规则和装备是临时的，但随着年龄渐长，练习渐多，我们对棒球的热情与日俱增，甚至掌握了一点儿技巧。

但我们并没有玩个不停，所以那些闲暇给了我空想和探索的余地，有时和几个朋友一起，大部分时间却在独自寻找乐趣。在阳光温暖和煦的日子里，我会漫步到外场，那里有大树的荫蔽，各种昆虫在我们周围飞来爬去，好不热闹。其中，我最喜欢的就是蚂蚁。我很早就注意到红蚂蚁和黑蚂蚁的群落相互独立，于是觉得这两群蚂蚁就应该开战。发现附近有两个巢穴时，我就用手把松散的土推成一堵小小的墙，模仿堡垒的形状，静静等待着一场不可避免的冲突。有时它们确实会交锋，两群蚂蚁互相纠缠，打滚成团，此情此景让我觉得很有趣。但在大多数情况下，它们只顾做自己的事，对我希望它们大战一场的好战想法视而不见。它们喜欢收集食物，在巢穴深处从事着神秘莫测的工作。

我对这些小动物越发好奇，于是借来了一个放大镜，观察它们在巢穴口进进出出。透过放大镜，我可以看到那些身披甲壳的身躯、长满分节的腿，我撒了些面包和糖的碎屑把它们吸引过来，蚂蚁用口器一点点地抓来吃。这些巢穴仿佛一个生物体，工蚁们为了得到更多资源在外奔忙，都是为族群共同的利益收集、储存食物。更有趣的是，我只要移动几块石头，蚁穴就会暴露无遗，内部迷宫般的房间和通道都显露在空气和阳光下，一时间，蚂蚁们显得手足无措。但随后，我看到它们应对愤怒的做法是争先恐后地找回珍贵的幼虫——一束束白色的小生命，并把它们带到巢穴更深处的安全地带。这场有序的混乱令人着迷。蚂蚁个体的行为几乎是胡乱随机的，但集体的力量能够出色而快速地完成任务。组织、合作和为蚁群谋取更大利益的无私奉献无疑是一种非凡的行为。

我不知道是什么造就了这种现象？当我挪动其中一块石头时，蚂蚁们肯定已经意识到自己处于危险之中，但它们并不是纯粹逃命，相反，它们会一次又一次地回到地面，像无私的英雄般拯救它们的幼虫——蚁群的下一代。蚂蚁是一种迷人的生物。但当时我稚气未脱，没过多久，我就又去整理内场，用粉笔在这片美妙的空地上画出垒线，为下一场棒球比赛做好准备，而不再注意蚂蚁们，对我而言，它们行为的奥秘已经被遗留在另一个时空。

幸好，其他人并没有像我一样轻易忽略这个问题。首先是达尔文，他偶然发现本能行为是可以遗传的，可以通过自然选择来触发，因此在成功存活繁衍的动物身上发现的遗传行为模式都应有利于个体的生存。换句话说，每种动物都应该照顾好自己，为自己的利益着想。但这并非群居昆虫的习性，昆虫个体会对其他成员表现出一种无私的、近乎利他的奉献精神，甚至到了为种群的生存而牺牲自己的地步。这是为什么呢？一向自私、投机的进化怎么会偏向那些为种群生存如此奉献的生物呢？

另外，一个蚁穴或蜂巢的几乎所有成员都是不育的雌性，它们无法繁殖，这也让达尔文很困扰。当表现出最极端利他主义的个体本身就没有生育能力时，这种显著的社会利他主义的遗传倾向怎么可能在一个种群中变得普遍呢？达尔文尽力给出了一个解释，却也承认这些生物确实给他的进化论带来了"特殊的困难"。这个难题一直延续到20 世纪 60 年代。[12]

随着进化论中融入了遗传学，之后融入了解析人口增长和自然选择的数学模型，这个难题的解决之法逐渐显现。研究发现本能行为不仅影响个体的生存，还关系到基因最终的生存。1964 年，威廉·D. 汉密尔顿（William D. Hamilton）将这些因素汇集到两篇出色的文章中[13]，分析了自然选择如何眷顾某些形式的利他和自我牺牲行为。汉密尔顿和大部分生物学家都意识到，驱使个体为了其他成员的利益而牺牲自己的基因会使该个体的生存概率降低。但他对此有更深刻的见解：如果这种行为是针对近亲的，那么这样的基因实际上可能是在帮助自身的基因副本存活。一个人的近亲，包括孩子、兄弟姐妹、侄女、侄子等，他们很可能携带着相同的基因。因此，在这个家族中，一个由基因设计好的利他行为，从自然选择的角度来看，实际上可以说是在为基因自己谋利。我们称这种具有挑战性的想法为"亲缘选择"。

人类的本能

汉密尔顿用定量属性把这一原则变成了公式。如果接受者的利益（B）与两个个体之间关系的紧密程度（r）的乘积大于行为者所付出的成本（C），自然选择就会青睐特定的利他行为。这个被称为"汉密尔顿法则"的公式如下：

$$Br > C$$

在某种程度上，汉密尔顿法则还是有理的。举个例子，为什么一窝幼犬的母亲每天都要耗时费力地消耗 1 000 卡路里热量分泌乳汁来保证其后代的存活？我们可能会认为答案显而易见：它们是它的幼崽，它当然在乎！但是汉密尔顿的分析促使我们更深入地探究，为什么父母和子女之间的关系会在母亲身上衍生出利他主义。照顾幼崽对母亲来说要付出一笔不小的成本（也就是公式中的 C），在野外甚至可能降低自己的生存概率，但是这种行为会给幼崽带来更大的利益（也就是B），因为如果没有这种行为，幼崽肯定会死亡。我们之所以能在哺乳动物身上看到例如母性关怀的行为，是因为这些行为的基因编程正在帮助它们的后代生存。由于母犬和幼犬的基因关系为 0.5（即母犬身上的基因有 50% 的概率在幼犬个体身上出现），幼犬存活能得到的巨大利益远远超过了母犬所付出的代价。

在某种程度上，Br > C 解释了你会不惜一切确保自己的孩子活下来的原因。如果你无儿无女，它可能也会让你理解你父母为何对你宠爱有加。它也可以为你关心兄弟姐妹的行为给出答案——关系亲密度为 0.5，而你与堂兄弟姐妹之间的亲密度只有 0.125。生物学家 J. B. S. 霍尔丹曾打趣说，他愿意为"两个兄弟或八个表亲"献出自己的生命。你可以算算这个关系。

汉密尔顿发表于 1964 年的第二篇论文直接把焦点放在了群居昆虫身上。他在文中指出，这些动物的性和繁殖的特殊性实际上保证了极端的社会行为能产生高度合作的工蚁或工蜂种群。关键因素在于所谓的性别决定。在人类和其他哺乳动物中，性别通常由一对性染色体决定，即 X 染色体和 Y 染色体。如果你遗传获得了两个 X 染色体（XX），你会发育成女性；如果你继承了一个 X 染色体和一个 Y 染色体（XY），你就会长成男性。鸟类则有所不同，它们的性染色体定名为 Z 和 W，但其性别也取决于染色体。大多数昆虫都遵循类似的模式，事实上，20 世纪初，在昆虫体内发现有性染色体的第一人是生物学先驱内蒂·史蒂文斯（Nettie Stevens）。[14]

群居昆虫的不同之处在于，它们没有性染色体。它们的性别是由个体拥有的完整染色体的数量决定的。拥有两组染色体的昆虫会发育为雌性，那些只有一组染色体的则发育为雄性。比如在大多数蜂群中，只有蜂王产卵：卵子受精后发育成雌性，因为它们从亲代双方各继承了一组染色体；少数未受精的卵子发育成雄性，只有一组染色体。这种性别决定模式被称为单倍二倍性，有些细胞中存在单组（单倍体）或两组（二倍体）染色体，这个名称就源于生物学家用来描述这些细胞的术语。顺便说一下，人类的染色体是二倍体，因为从亲代双方各继承了一组染色体。因为蚁后产下的大多数卵子都是受精的，会发育成雌性，所以单倍二倍性确保了雄性在种群中的稀缺性。

更重要的是，它还能在种群成员之间产生异常紧密的遗传联系。记住，当蜂后与雄蜂交配时，所有与蜂后卵子结合的精子在基因上都是相同的，因为雄蜂只有一组基因信息。结果，交配产生的后代之间的亲缘关系将提高至 0.75 倍，这意味着它们有 75% 的基因信息是相同的。这种介乎亲兄弟姐妹（50%）和同卵双胞胎（100%）之间的极其密切的关系表明，条件非常有利于利他社会行为的发展，因为这种行为必然会指向非常亲近的成员，就单倍二倍性而言，就是包括了种

　　　　　　　　　　　　　　　　　　　　　　　人类的本能

群中的所有成员。这也表明，雌性工蜂将近亲后代带到这个世界上最有效的方法是牺牲自己的繁殖能力，尽一切可能帮助蜂后为自己生育更多姐妹。如果它自己飞离巢穴交配，那些后代与它的亲缘关系只有50%，而蜂后的子嗣与它和其他工蜂的亲缘关系却有75%。

汉密尔顿一下子就解决了达尔文的特殊难题。工蚁和工蜂不能生育的事实已经不再重要，因为繁殖能力都集中在蚁后或蜂后的身上，这保证了在其产下越来越多的卵时，工蚁／工蜂能齐心协力地将它们的基因（包括利他行为的基因）传递下去。实际上，汉密尔顿法则中的"r"值（Br＞C）现在更大（0.75），所以单倍二倍性让天平向利他主义倾斜。因此，即使是代价高昂的行为，现在也能受到自然选择的青睐。工蚁和工蜂为了守卫和保护蚁穴、蜂巢，不惜牺牲自己，那是一种非凡意志驱动下的行为。

这样看来，这群非凡昆虫的极端社会组织行为突然又说得通了。蚁后、蜂后体形庞大又统领一切，工蚁、工蜂则要无私地为维护集体利益而奔忙，只有当"皇后"需要通过交配补充精子库存时，才会默许雄性接近。我有时也会和学生开玩笑说："现在科幻小说界正需要一本关于单倍二倍性的伟大女性主义作品来填补这个空缺呢！"

尽管这些群居昆虫的特例耐人寻味，但人们自然会问：昆虫又与我们何干？进化的力量塑造了行为，形成了原始社会，除了这些极端的例子，我们还能从这方面的研究中学到什么？汉密尔顿提出这个开创性的法则大概十年后，爱德华·威尔逊直接提出了这个问题。

威尔逊的职业生涯大部分都扎根于哈佛大学，他在亚拉巴马大学完成学业，早期的一个科学项目也是对家乡亚拉巴马州的蚂蚁进行详细研究。20世纪50年代中期，来到哈佛大学的威尔逊起初专门研究蚂蚁的分类，后来对蚂蚁社会的细节，尤其是其进化过程产生了兴趣。1971 年，他出版著作《昆虫社会》[15]，涵盖了迄今为止对蚂蚁、蜜蜂和黄蜂社群组织最详尽的分析。我唯一想知道的是，威尔逊有多少次被问：为什么要选择这种生物作为研究的重点？我相信每个科学家都会在礼貌的交谈中遭遇此类问题，我敢打赌他在多年的研究中已经找到答案。事实上，他在《昆虫社会》的扉页就给出了答案：

> 我们为何要研究这些昆虫？因为它们和人类、蜂鸟、狐尾松一样都是生物进化的伟大成就。囿于低弱的智慧程度和未能形成文化，它们的社会当然远不如人类社会，但在凝聚力、阶级分层和个体利他主义方面有过人之处，这样的社会是人类社会难以媲美的。

上述这些都是选择蚂蚁作为研究领域的上佳理由，我相信这样的答案放在教工会议或者剑桥鸡尾酒晚宴上足以令人满意。但在威尔逊写的这本书的最后几页，他表明自己的终极目标要比在会议上获得首肯远大得多。《昆虫社会》最后一章题为"建立一个统一社会生物学的前景"，其内容有 3 页长，揭示了他的研究要超越昆虫世界的雄心壮志。威尔逊写道："昆虫和脊椎动物群落在功能上的相似性让我折服。"他比较猕猴和白蚁两个南辕北辙的物种的社会结构，却发现它们之间存在令人惊讶的相似之处，同时也承认这种对比未免过于简单。但"……正是由于这种刻意的过度分化，才让一般理论有了开端"，所以他认为这也是合理的。那这个一般理论是什么呢？威尔逊认为它包括昆虫和非昆虫社会行为的生物学基础。他满怀期盼地想象着："如果脊椎动物也能像昆虫一样遵循组织模式，那么它们的社会将会何等壮美！照此下去，脑部比昆虫大得多的鸟类和哺乳类早已经成为优秀的专家。"但威尔逊注意到，包括人类在内的脊椎动物仍然被"拴"在一个孤立的生殖循环中，这种循环以"牺牲社会效率为代价，换取的是个体更高程度的自由"。值得注意的是，我们受困于个人自由所造成的低效，但这并不意味着不能创设适用于脊椎动物甚至人类的一般理论。威尔逊选择了"社会生物学"这个名字来描述这一普遍理论，在给它命名之后，他就开始将其孕育出来。

现代进化综论

1975 年，爱德华·威尔逊出版了《社会生物学：新综合理论》[16]，在 20 世纪 70 年代，这部里程碑式的著作不仅出现在科学家的书架上，还摆在日常闲聊的咖啡桌上，融入了社会争论的公众意识中，《社会生物学：新综合理论》是一部有关社会行为进化的巨著，即使威尔逊在昆虫方面的研究更为专业，吸引读者更广泛关注的仍是其社会生物学方面的研究。书中文字以两栏式排版印刷，配以莎拉·兰德里（Sarah Landry）绘制的插图，呈现出野生动物的惊人一面。这是一部为威尔逊的一般理论的基本元素下定义的出色作品，它回顾了一些机制，威尔逊相信社会由此得以塑造和维护，然后展示了这些机制如何在一系列高度社会化的物种中发挥作用。

威尔逊的研究始于微生物，并自然而然地转向了群居昆虫领域，但随后又冒险探索了脊椎动物的社会生物学。他描述了进化如何产生鱼类的群居行为、青蛙的领地意识、爬行动物的优势，以及鸟类的筑巢行为。在着墨于哺乳动物时，他也考虑到食草动物的集群行为、草原犬鼠的种群组织、狼的合作狩猎，以及狒狒、大猩猩和黑猩猩等非人类灵长目动物独特的社会特征。如果威尔逊就此打住，我怀疑他这部着实令人印象深刻的作品能否在学院派的科学殿堂之外引起很大的反响，但他并没有停笔，而是增添了以人类为题的末章——"人类：从社会生物学到社会学"。

今天，我们已经习惯了进化心理学对人类各种行为的"原因"做出推论，我们可能很难理解，在政治色彩浓厚的 20 世纪 70 年代，威尔逊的最后一章会引发多么巨大的争议。威尔逊使用他曾应用于昆虫社会的分析工具，在人类社会的多样性中寻找所有社会或大多数社会的共同特征。他认为，如果这些特征在不同的社会中被发现，无论是原始社会还是先进社会，无论是农业社会还是工业社会，无论是部落社会还是跨国社会，那么它们很可能是生物设计的结果。接下来，他用社会生物学来解释这些共同特征的进化，其中包括性伴侣关系、劳动分工、伦理制度、宗教、美学和阶级冲突。

可以说，威尔逊对社会生物学有多大的雄心和抱负，人们就对这个学科有多么深厚的敌意。威尔逊在哈佛大学的两位同事斯蒂芬·杰·古尔德和理查德·列万廷（Richard Lewontin）立即就其观点提出了异议，他们指责威尔逊承认生物决定论——它为现存社会秩序的偏见和不平等提供了理论依据。他们与波士顿地区的其他学者一起组成了社会生物学研究小组，并发表了多篇文章，批评社会生物学试图为人类行为设定生物学基础。1975 年 11 月，古尔德和列万廷在《纽约书评》[17] 上发表了一封公开信，认为威尔逊的观点与优生学、带有种族主义色彩的移民法，甚至纳粹的毒气室无异。信中，两人指责威尔逊提出试图"根据阶级、种族或性别为某些族群的现状和现有特权提供一种基因上的正当理由"的理论。

在这些言论的煽动下，少数进步派和左翼团体开始诋毁威尔逊。1978 年，在美国科学促进会的一次会议上，一名来自"反种族主义国际委员会"的抗议者拿起一壶水倒在威尔逊头上，并高喊："威尔逊，

　　　　　　　　　　　　　　　　　　人类的本能

你完全错了！"[18] 但个性独特的威尔逊擦干身上的水便开始演讲，此举使众人为他起立鼓掌。他不是那种缄默不语的人，他的治学之道同样不肯保持沉寂，他坚持把尚未成熟的社会生物学应用于最复杂、最麻烦的社会动物——智人身上。

1978 年年末，威尔逊出版了著作《论人性》，此书一出给他带来的批判更是变本加厉。该作是其三部曲中的第三部，被他描述为继《昆虫社会》和《社会生物学：新综合理论》后，越来越接近社会科学和生物学"两种文化"大一统的作品。他的抱负在这本书的章节标题中已经明确——对"侵略""性""利他主义""宗教"的生物学解释。威尔逊完全从生物角度而不是文化角度对人类行为做出了解释，这一点已在该书的开篇阐明：

> 如果大脑是由自然选择进化而来的，那么即使是选择特定审美判断和宗教信仰的能力，也一定是由同样过程产生的。它们要么是对人类祖先进化环境的直接适应，要么是由更深层次的、不太明显的、曾经在严格的生物学意义上具有适应性的活动所产生的次级结构。[19]

在人类社会生物学的词典里，只有两种可能的社会行为来源，而且都可以用自然选择来解释。我们形形色色的选择（审美、宗教、政治和性）或是成功适应环境的直接结果，或是适应过去环境的间接结果。一切都是适应使然，进化终究会解释人类的制度、习俗和文化中最亲密、最复杂的部分，而且每一部分都将得到解答。

要想明白如何用社会生物学逻辑来解释复杂而有影响力的人类制度，我们可以来看一下威尔逊在《论人性》第八章中对宗教的论述。

首先，他认为，宗教无处不在且历史悠久；各种各样的宗教渗入人类文化，贯穿古今，我们甚至在尼安德特人的远古遗址中发现了宗教符号和图腾。其次，宗教尚存至今，甚至一直延续到我们充斥技术的现代。在这个时代，理性主义者认为宗教会消亡，成为一种"前科学时代"的迷信产物。事实上，威尔逊指出，宗教可能是"人性中不可根除的一部分"。[20] 何出此言？从进化的角度来看，答案肯定是这样的：因为宗教提升了教众的适应性。能够凭借神话、仪式和象征主义团结一致的社会，在收集食物、发动战争和生育孩子方面将比没有宗教信仰的邻近群落更高效，也因此能够存活，并将他们的遗传天赋传给今天的人类。相反，信仰与上述目标相抵触的宗教，如实行禁欲的震教教徒，则会选择并最终沦为无意义的群体。今天仍然存在且欣欣向荣的宗教，包括伊斯兰教、基督教和佛教，都是有效匹配了自然选择所塑造的人类遗传倾向的宗教。

值得注意的是，宗教信仰、象征和实践可以融入明显非神学性质的社会运动中。20 世纪上半叶德国人民对纳粹符号的狂热信仰正说明了宗教冲动的普遍性。社会生物学认为，这种冲动的持续存在隐含了一种与基因相关的生物学联系，其协调一致性和族群凝聚力为宗教信仰提供了最终的基础。因为它们与宗教冲动相悖，所以自私和个人主义行为的基因减少了，从众和群体认同的基因却增加了。在威尔逊看来，这些遗传趋势解释了宗教信仰的经久不衰，也提供了把这种信仰拒之门外的根本原因：

> 如果这种解释正确，那么科学自然主义想拥有的最后的决定性优势是它有能力把主要竞争对手（传统宗教）解释为一种不折不扣的物理现象。因为神学不大可能作为一门独立的知识学科存在。[21]

因此，社会生物学不仅非常直接地解释了宗教信仰，而且消除了当中的所有疑问。它传递了这样一条信息：人类是进化的生物，人类最深层的欲望、需求、需要及思想都可以用进化生物学解释。1979年，《论人性》荣获普利策非小说类作品奖，至今仍然是一部经典之作，在进化心理学家中极具影响力。

回到强奸的论题，虽然威尔逊对此只字未提，但我们仍可以在《社会生物学：新综合理论》的字里行间发现其与索恩希尔和帕尔默相似的推论。威尔逊注意到，无论何种社会，人类的攻击性都是与生俱来的，他写道："男性好斗、急躁、善变和不分青红皂白的特点是有代价的。"虽然他谨慎地指出所有社会都有针对强奸的制裁，但显然其认为这种制裁表明人类天生有性攻击的生物驱动力，所以才需要加以控制。这点正是《强奸的自然史》一书中描述的生物驱动力，该书作者得出一个结论：强奸倾向是人类行为基因组中固有的部分。

进化心理学

"社会生物学"这一术语如今在学术界并未被广泛提及，部分原因是威尔逊的三部曲在20世纪70年代出版后引起的政治骚动[22]，另外则因为它已被一门更具野心的学科——进化心理学取代。进化心理学是社会生物学的直接衍生学科，因为它也采用了基于行为适应性演化分析的分析工具，并致力于解决许多相同的问题。然而，进化心理学的关注点超出了社会行为这一范畴，涉及人类心理的各个方面。

其适用范围有多广呢？威尔逊这样形容：

历史学家在回顾 21 世纪时，会发现进化论在 20 世纪主要局限于生物科学，现在则扩大到所有与人类有关的知识领域。当我们走过 21 世纪的头 15 年，这场知识革命已经全面展开。一个由科学家、学者、记者和读者组成的相当大的群体已经完全接受这样的说法，"除了进化论，关于 X 的一切都没有意义"，其中 X 可以是人类学、艺术、文化、经济、历史、政治、心理学、宗教和社会学，还有生物学。[23]

　　在他看来，进化心理学领域现在几乎可以说涉及社会科学和人文科学这一广泛领域内的每一门学科，这一点得到了普遍认同。事实上，考虑到这一断言，似乎唯一可能逃脱进化论支配的研究领域是物理学，其独立于生物学，安全地存在于物理法则的刚性支配和数学中，至少目前是这样。

　　当然，人们可以提出一个令人信服的论点：所有的人文和社会科学最终都是人类行为的产物。因此，如果进化心理学已经达到可以用达尔文的标准来计算的程度，那么事实上，除了在进化的背景下，此类领域的任何东西可能都是有意义的。这有些道理。但如此全面的断言几乎完全取决于生物科学将遗传学的原始材料与行为的微妙之处联系起来的能力，这种联系确实已经建立了吗？我们对基因和行为之间的联系有足够的了解，可以有把握地做出这样的论断吗？在某些情况下，我们确实可以。

　　即使是细菌这种我们经常认为"简单"的生物体也表现出社会行为。有些细菌集群合作形成生物膜，分泌聚合物，彼此结合在它们可能被轻易清除的表面。还有其他细菌的行为被称为"群体感应"，当种群密度达到一定程度时，它们会调整自己的基因表达模式。群体感

　　　　　　　　　　　　　　　　　　　　　　　　人类的本能

应是通过对其他细胞释放的信号分子做出反应的受体来进行的。当这些信号达到一定水平时,受体在细胞内触发反应,帮助个体和种群生存。我们对一些物种的这些行为的遗传学了解得很深入,一直到基因表达和信号传导途径的分子水平。[24]

在动物身上也发现了与行为直接相关的基因。一个特别著名的例子是很久以前在果蝇身上发现的,常见的果蝇被广泛用于遗传学模型。雄性果蝇有一种精心设计的求爱舞蹈,它们在雌性果蝇面前表演,作为交配仪式的一部分。几十年前,人们发现了一个单一的基因突变,现在被称为无后基因(fruitless,符号为fru),原因将是显而易见的,它极大地改变了这种求偶行为。拥有两个无后基因副本的雄性果蝇在雄性和雌性面前跳求爱舞,并能接受其他雄性的求爱,而这种情况下雄性一般是拒绝的。"无后"雄性无法与雌性交配,它们的性行为不会产生任何后代,因此被称为"无后"。[25]

20世纪90年代,一篇描述这种基因如何控制"男性性行为和性取向"的论文[26]引起了舆论轰动,因为它可能对人类性取向的性质产生影响。这篇论文被《大西洋月刊》上一篇关于同性恋与生物学的文章引用[27],该文章广泛涉及异性恋或同性恋的性取向是否被植入人类基因组这一问题。这篇科学论文的作者明确表示,他们的研究只适用于昆虫,并不意味着人类的同性恋倾向有遗传上的因果关系。然而,许多大众媒体倾向于暗示,如果性取向在一个物种中被证明是由基因决定的,那么在其他物种中可能也是如此,包括人类。[28]

从科学的角度来说,有必要注意"无后"的实际操作要比简单的异性恋—同性恋开关复杂得多。该基因的产物是一种蛋白质,它属于一个已知可开启和关闭整组基因的蛋白质家族。[29]此外,无后突变体的效果取决于其他几个基因的状态,它以相当复杂的方式与这些基因发生作用。为了反映这种复杂性，最近的研究将无后基因描述为只是"调节求偶行为的调控网络"中的一部分。[30] 尽管如此，公平地说，无后基因正是那些已被证明会影响果蝇行为基因的典型代表。它们确实构成了进化自然选择可能影响社会行为的遗传因素的一部分。

人类虽然没有已知的无后基因的类似基因，但似乎确实有与其他果蝇行为基因相当的基因。其中一个是 dunce 基因（和学习记忆有关的突变体之一），这是一种通过产生特定生化信号系统缺陷而对学习和记忆产生不利影响的突变。重要的是，一种被称为鲁宾斯坦－泰比综合征（Rubinstein-Taybi Syndrome）的特殊人类疾病似乎与类似信号通路的突变有关，这表明学习和记忆的一些复杂性具有共同的细胞基础。[31]

这些果蝇提供了一个强大的模型，告诉我们如何诱导突变，如何研究它们的影响，然后通过迷宫般的细胞和生物化学结构连接向下追踪它们的机制，直到找到受自然选择影响的基因。但同样的事实是，分析社会行为背后更复杂的因素是一件极为困难的事情，而且我们无法通过探索基因的方式来探索行为成因。那么，我们该如何认识进化心理学所宣称的"发现特定人类行为真正原因"的说法呢？

让我们来看看一种常见的人类行为——怕蛇。我承认，我第一次在露营时遇到一条大蛇绝对被吓呆了。后来，我学会了识别哪些品种是有毒的，哪些是无毒的，甚至学习如何应对它们以避免担心或焦虑。那么，对蛇的恐惧是基于对一些蛇有毒的理解而产生的学习行为，还是在我们进化的心理中孕育的本能行为？研究表明，是后者。针对在实验室中饲养的猴子的实验表明，向它们展示蛇的图片并同时展示其他猴子的恐惧反应，它们就会对蛇产生强烈的恐惧。值得注意的是，将这些恐惧反应的照片与其他物体的照片（如鲜花和玩具兔）一起展示时，它们并没有学会害怕。其他研究表明，人类也有类似的反应，对蛇的图片表现出的生理恐惧和害怕远比对其他物体（枪支和超速行驶的汽车）的图像强烈，而后者实际上更有可能对他们造成伤害。[32] 这些实验表明，人类有获得对蛇的恐惧的倾向。将这一发现与相关物种似乎表现出相同的倾向性以及对蛇的恐惧可能是一种有用的适应相结合，你就得出了这种行为的进化起源的有力证据。对蜘蛛、高空和陌生人的本能恐惧的进化也有类似的论据，每种恐惧都会对人类和前人类祖先的福祉构成严重威胁。

那么，更微妙、更复杂的行为，如浪漫的嫉妒呢？戴维·M. 巴斯（David M. Buss）和他在得克萨斯大学的同事在对这一领域的评论中指出，进化心理学假设男人和女人的嫉妒会被不同的因素触发。[33] 他们推断，在男性中，嫉妒会被性不忠行为本身触发。为什么？因为对男人来说，在决定是否为浪漫关系的后代投入资源时，父子血缘关系问题应该是最重要的。性不忠产生了关于父子关系的不确定性，因此应该是男性最关心的问题。相比之下，在女性中，男性提供的资源对其后代的成功应该是重要的，因此男性的情感不忠——如他爱上了另一个女人——比他偶尔的性不忠更值得配偶关注。巴斯和他的同事指出，虽然关于这个问题的研究并不一致，但超过六项研究使用了一系列方法，确实支持了进化心理学的假设，解释了嫉妒情绪的性别差异。

避免乱伦是另一种情况，科学似乎已经发现一种由进化压力驱动的本能行为。近亲繁殖，如兄弟姐妹或父母子女之间的乱伦，会造成后代遗传缺陷的高风险。因为两个密切相关的潜在父母可能携带相同的隐性疾病的单副本，因此这种结合生育的孩子有可能继承这种基因的两个副本并表现出这种疾病。人类学研究一直表明，人类文化和社会在历史上对乱伦有长期的禁忌，这些禁忌都早于我们对近亲繁殖危险的现代遗传学认识。这种禁忌是由经验习得的学习行为，还是出自本能，是反对近亲之间性吸引的进化自然选择的结果？在这种情况下，一个无意的人类实验似乎提供了答案。[34]

在中国东南部，历史上家庭收养年轻女孩并将其与自家的男孩一起抚养，打算让他们长大后结婚，这曾经是一种常见的做法。斯坦福大学的阿瑟·P. 沃尔夫（Arthur P. Wolf）利用中国台湾地区翔实的户籍记录，调查了这些"童养媳"婚姻的长期结果。由于当时的人对这种结合方式有强烈的文化认同感，而且女孩和男孩之间没有血缘关系，所以这种做法并不属于社会禁忌。沃尔夫的研究表明，与"童年伙伴"结婚的女性比那些与家庭外成员结婚的女性生的孩子少。此外，她们更有可能离婚并与其他男性发生关系。沃尔夫认为，对小时候玩伴的性排斥"不是社会规则要求的，但在心理上是不可避免的"。

从进化心理学的角度来看，在这些婚姻中表现出来的行为相当于在实践一个简单的行为规则：不要被与小时候的你生活在一起的人吸引。拥有这种回避行为的遗传倾向的个体不太可能产生有缺陷的后代，而那些缺乏回避倾向的个体往往会生育有缺陷的后代。因此，长期自然选择的影响产生了一种有效避免乱伦的本能行为，即使它偶尔会犯一些"错误"。

那么美貌呢？当然，在旧石器时代人类祖先所在的原始社会，漂亮的外表并不是生存的必要条件，那进化论能告诉我们什么是漂亮脸蛋吗？根据研究人员的说法，可以。研究表明，人们对美的看法与面部对称性密切相关，因此，左右两边几乎是镜像的脸被认为特别有吸引力。[35] 为什么对称性如此重要？研究人员认同的解释似乎是围绕着所谓"好基因"假说展开的。对称的脸可能表明身体发育没有受到疾病、伤害或寄生虫的干扰。在这种情况下，据推测，拥有这种脸的人在健康和体能方面是理想的配偶，因此更有可能被异性选中。如果对面部对称的偏爱真的有助于生育更健康、更多的后代，那么这种偏爱就会通过自然选择传递下去。今天的结果就是我们在电影明星，以及世界小姐和环球小姐比赛等活动中认可了跨文化的面部美学标准。因此，美，这个崇高的属性，不存在于欣赏者的眼中，而是存在于进化适应的严酷现实中。

问题出在哪里？

如果说进化心理学自几十年前诞生以来，有什么是明显超过其他学科之处，那一定是在制造头条新闻方面。事实上，我们不无理由地认为，进化心理学的宣传与实际研究的比率可能比其他科学领域都要高。当然，这有一定的逻辑性，因为进化心理学假定告诉我们关于我们最内在的自我——我们的驱动力和动机，而其他领域很少有类似的方式。虽然这确保了大众对该领域最新发现的兴趣，但也隐藏永远存在的夸大其词和夸张的危险。想想购物的例子。

2009 年，媒体对女性为什么喜欢购物的"科学"讨论甚嚣尘上。英国报纸的一篇文章[36] 引用了曼彻斯特城市大学的戴维·霍姆斯（David Holmes）的一项研究，揭示了"穴居人和妇女所学到的技能现在正在商店里使用"。具体而言，这些是穴居妇女在远古时期发展起来的收集技能，以寻找提供"营养、温暖或舒适"的物品。这些技能现在催生了"舒适的购物中心和信用卡"。这篇文章被广泛引用和转载，尽管细心的读者可能已经注意到该报承认霍姆斯的研究是附近的一个购物中心委托进行的。这项研究依据的证据尚未揭示。

然而，在这一年的晚些时候，密歇根大学的丹尼尔·克鲁格

（Daniel Kruger）和德雷森·拜克（Dreyson Byker）突然参与其中，发表了一篇切合实际的研究论文[37]，描述了购物行为中的性别差异，并将其与狩猎采集社会中假设的男女分工进行了比较。"假设"是这里的关键词。他们的分析开始于这样一种说法：在祖先生存的环境中，男人"很可能"是猎人，女人"很可能"是采集者，而且"很可能"打猎会干扰妇女作为儿童照顾者的职责。在参考了几个当代狩猎采集社会的劳动分工后，他们的研究包括对两所美国大学的467名心理学入门课的选课学生进行的在线调查。学生们被要求同意或不同意以下问题："我经常能清晰地记得我进入一家商店后的位置"、"当我在寻找大件物品时，我更喜欢购物"，以及"我在购物后感觉良好"。

作者称，调查结果支持他们的假设。这些假设包括：女性会利用特定物品的位置在商店里导航，这与古人类女性的觅食行为有关。据他们说，男性在与狩猎有关的"技能"方面得分更高，例如同意"当我去买大件物品时，我喜欢有朋友帮助"。媒体以"为什么女性喜欢购物"这样的标题大肆报道，其中一份报道这样总结了这项研究：

这就是为什么在假日期间，你可能会看到很多男人在休息，很多女人则选择了购物，直到她们筋疲力尽为止。这是由引导我们走出森林、进入商场的进化进程决定的（或者我们应该说是由人性所致）。[38]

真的如此吗？我们真的可以通过对当代受过良好教育的大学生的调查来确定人类行为的基本进化原因，并与我们认为可能是史前时期的"可能"社会条件相关联吗？这种问卷调查的答案是否与狩猎采集"技能"相关？我在购物后是否"感觉良好"，可能更多地取决于当时的个人经济状况，而不是刻板的性别角色；我如何在商店里穿梭，肯定更多的是我在那里购物的习惯的结果，而不是狩猎的倾向性。最后，几乎所有在线调查的受访者（91% 出生在美国，平均年龄为 19岁）都在一个地方长大，在那里，调查者试图验证的性别角色既是血缘和遗传决定的，也是流行文化决定的。那么，他们或其他人怎么能说这种角色是人类进化史的遗留物，而不是当今社会的文化建构？

在一些批评者看来，这些报告中描述的"科学"是可笑的。多伦多大学的生物化学家拉里·莫兰（Larry Moran）认为这些研究表明了整个进化心理学领域的缺陷。他引用了一个编造出来的关于女孩爱逛街的讽刺故事：

> **普利斯姆小姐的故事（戏仿）和进化心理学家编造的故事一样可信，这是个令人沮丧的结论，表明整个进化心理学领域作为一门科学几乎毫无价值——也许当我们把所有进化心理学家赶出大学后，他们还可以通过写喜剧来谋生。[39]**

尽管进化心理学在大学和学院中存在，它有期刊、专业协会和年会，但该领域的批评者比比皆是。正如他们所指出的，以进化心理学的名义进行的许多工作相当于纯粹的猜测和一系列"仅仅如此"的故事，证实了研究人员对人类特定行为的起源的偏见。对于那些缺乏直接的实验证据，单纯依靠成套的统计数字和逸事的研究来说，情况尤其如此。在许多方面，这就是索恩希尔和帕尔默拼凑他们关于强奸的争议性观点的方式。他们没有进行基因研究，没有试图寻找强奸基因，没有试图在已知的强奸犯中找到共同的生化或分子特征。更重要的是，他们没有对人类社会进行研究，在人类社会中，强奸行为的实际"成本"和"收益"可以从进化战略的角度进行评估。如果进行了这样的研究，可以说索恩希尔和帕尔默的结论可能会有很大的不同。

有一个人确实提出了这样的问题，那就是人类学家金·希尔（Kim Hill），他的研究领域包括巴拉圭的亚契人（Ache），这个部落仍然以狩猎采集的方式生活，据说是现代人类祖先的特征。希尔决定检验"强奸是导致男性进化成功的一种策略"这一假设。他对强奸作为亚契人部落 25 岁男性生殖策略的"成本"和"收益"进行了分析。[40] 该分析模型认为，每次强奸行为使该男子将其基因传给下一代的时候，都是一种"收益"，但"成本"包括男子在强奸未遂中被杀或受伤的可能性，受害者或其家人进行致命报复的可能性，以及被强奸后怀孕的幸存者拒绝生育孩子的可能性。综合来看，他发现"成本"至少比"收益"多 10 倍。希尔在总结这些结果时说，在更新世，男性把强奸作为一种生殖策略是没有意义的，所以强奸"像程序一样编入人类身体"[41]的说法站不住脚。

如果关于强奸作为一种生殖策略的适应性价值这一主张是有缺陷的，那么我们该如何看待进化心理学关于人性的其他主张？有些人想让我们将其每个结果都当作达尔文式的故事扔掉，这往往是为了寻找科学的光辉。他们可能会指出马克·豪泽（Marc Hauser）的案例，他曾是哈佛大学教授和灵长目动物行为研究领域的领军人物。多年来，豪泽的工作似乎表明，许多与人类独特性相关的行为特征也存在于其他灵长目动物身上，如狨猴、猕猴和恒河猴。这些特征包括在镜子中的自我识别，对音节的识别，对人类手势的反应，甚至拥有独特的道德感。这一切都表明，我们的"人"性在我们的祖先和动物亲属中有着悠久而深刻的历史。他的工作大大加强了在进化心理学中使用基于与其他灵长目动物比较的证据的理由。只可惜，豪泽被指责学术不端，他因一部分研究过程无法被复制而涉嫌篡改、编造实验数据。[42]他最终从哈佛大学辞职，研究生涯也随之结束。在几年前，他出版了广受热评的《道德思维》[43]一书，指出进化心理学能够解释人类道德的起源。也许这本书确实有价值，但拿豪泽自己为例，似乎正是他试图解释"普遍是非感"的行为促使他认定，所谓道德正义、公序良俗不过是进化的副产物，他索性自由地忽略了道德正义对自身行为的指引。

当然，我不认为豪泽的情况是进化心理学研究人员的典型，不应该因为一两个科学不诚实的案例谴责整个领域。如果是这样，科学就没有什么可谈的了，因为科学从一开始就存在欺诈的现象。但我确实认为该领域有一种过度的倾向，即迅速得出符合关于社会结构和人类进化压力性质的预想的结论。批评者指出该领域从业者的政治和意识形态观点很可能在客观科学的幌子下渗透研究结果，我认为这种说法是正确的。

科学撰稿人兼科学博主安娜莉·内维茨（Annalee Newitz）[44]写道，作为一个群体，进化论心理学家"相信某些群体天生就比其他人聪明。他们写书说强奸是人类进化的一个自然部分。而现在，随着又一桩丑闻震撼了进化心理学界，我们可以热烈欢迎一种新型科学狂人出现在聚光灯下——进化心理学混账"。她提到的丑闻不只是马克·豪泽，还有新墨西哥大学的进化心理学家杰弗里·米勒（Jeffrey Miller），他在推特上指出，"肥胖的博士申请人"不需要申请他的研究生课程。米勒博士认为，如果他们不能控制自己的饮食，他们也就没有完成毕业论文研究所需的毅力。

尽管这些都是无稽之谈，但我认为很清楚的一点是，当进化心理学得到适当的应用时，它可以帮助我们理解我们自身行为的某些方面。考虑一下动物行为作者和生物学家乔治·C.威廉姆斯（George C.

Williams）的例子，他描述了人类学家萨拉·赫迪（Sarah Hrdy）所做的研究：

> 她研究了印度北部的一个印度灰叶猴种群。它们的交配系统就是生物学家所说的"一夫多妻制"（后宫制），即优势雄性将其他雄性排除在外，独占一群成年雌性的交配权。但迟早有一天，一只更强大的雄性会篡夺后宫，取代现有的支配雄性，而败落的一方只得加入单身雄性的行列。胜出的公猴会通过杀死母猴未断奶的幼崽来宣示对新配偶的占有。公猴每成功杀死一只幼崽，母猴就会停止哺乳，从而进入发情期。被剥夺了哺乳期的幼崽后，雌性很快开始排卵。母猴接受了杀害孩子凶手的求爱，而凶手则成为下一只幼猴的父亲……你还认为上帝是仁慈的吗？ [45]

暂时不考虑"上帝"的因素，人们可以推断，在后宫中实行的男性杀婴行为是进化论的一个直接预测。通过消除所有处于哺乳期的婴儿，新的后宫主人似乎可以确保他自己的基因，包括那些可能产生或有利于杀婴行为的基因，在下一代中占主导地位，他还将确保他自己在照顾和保护后宫中的婴儿方面的努力不会浪费在无关的后代身上。因此，在这些灵长目动物的后宫社会文化中，这种行为会受到自然选择的高度青睐。作为人类，我们能否将对这种行为的理解应用于我们自己的社会？我相信答案是肯定的，但有一个非常严格的限定条件。

对人类杀婴行为的统计研究已经在许多社会和文化群体中做过，几乎所有研究的共同点都与威廉姆斯所描述的行为遥相呼应。加拿大有一项重要的研究[46]表明，学龄前儿童被继父殴打致死的可能性是被亲生父亲殴打致死的可能性的 120 多倍。加拿大的研究并不是特例，因为类似的结果在美国和其他国家也有发现。这些令人不寒而栗的统计数字可能会令人怀疑为什么有孩子的妇女还敢于再婚，甚至她知道她的后代可能面临来自继父的致命袭击。

显然，我们可以将解释印度灰叶猴种群中雄性行为的进化论点应用于人类家庭。通过比较，我们可以清楚地了解为什么亲生父亲和非亲生父亲的杀婴率有如此大的差异——进化心理学可以帮助我们理解原本令人困惑的统计数字。通过除掉与他无关的孩子，继父可以确保他为新家庭付出的努力只使他的亲生后代受益，而不是他的新妻子的前配偶的与他无亲缘关系的孩子。生物学在这里占了上风。

但事实证明，真正的问题不在于为什么进化压力强大到足以引发谋杀，而在于为什么进化压力如此之弱，以至于在现实中几乎从未发生过。在加拿大的研究中，继父杀婴的实际比率为百万分之321.6。因此，事实上，这种悲剧的发生概率不到1/2 500。虽然每次杀戮都是悲剧，每个生命都是不可替代的，但事实是，任何父亲，不管是亲生的还是非亲生的，杀害婴儿的情况都极为罕见。人们可以相当概括地认为，继父在很大程度上还是会喜欢和照顾他们配偶的后代，并且肯定不会倾向于对他们的继子女使用暴力。如果进化心理学理论核心（传播自己基因的动力）极其强大，我们应该问还有什么力量能够遏制这种暴力的性驱力。今天的人性为什么使我们在很大程度上摆脱了人类进化史上的邪恶行为链？一定有另一种更强大的影响作用于继父和其他人的行为，我想我们知道那是什么。

达尔文的镜子

你喜欢你在镜子里看到的东西吗？我想我们大多数人都会说"有

时候"。你的答案可能取决于你的年龄、一天中的具体时间，以及你花了多少精力来准备近距离、批判性地观看你的影像。镜子并不总是善意的，正如我们随着岁月的流逝所了解的那样，但它们告诉我们一个有用的事实，这就是为什么我们把它们放在身边，即使我们并不总是喜欢镜中的形象。

现在想想一面更大、更深的镜子，它不仅显示我们的外在形象，而且直接穿透过去，揭示我们的历史、我们的起源和我们的真实性格。你可以称它为达尔文的镜子，一个根据进化心理学的规则和技术铸造的人类状况的图景。它所呈现的人性图景并不总是讨人喜欢的。

在进化心理学的镜子里，我们的形象主要是由偶然和必然性塑造的。我们寻求幸福、友谊和爱情，并不是因为这些东西本身有价值，而是因为实现它们的驱动力是我们祖先为生存而奋斗的过程中凿入了人类心理的适应性。镜子告诉我们，我们的思想、我们的价值观和我们的动机并不真正属于我们自己，当然也不是它们看起来的那样。我们遇到陌生人时微笑，我们听到一首乐曲时感到高兴，我们跪下祈祷时，我们实际上是在遵循神经系统隐秘深处运行的复杂程序的指令。这个程序不是由有意识的原因和欲望形成的，而是由几千年前影响遥远的祖先生存的残酷的生活现实形成的。正如斯蒂芬·平克所描述的："我们的大脑已经适应了小范围的觅食生活，我们这个物种99%的时间都是在这种环境中度过的。"[47] 自然选择为我们塑造的特征不是为了适应我们今天所处的环境，难怪这个世界看起来如此混乱，难怪需要进化心理学家来为我们梳理它。

因此，应该了解进化心理学家的研究做到什么程度。在一个层面上，很明显他们取得了一些成就。我们是进化的生物，如果进化塑造了我们的身体，能一直到骨骼、肌肉和肌腱的细节，那么它显然也塑

人类的本能

造了我们的心智。但是，它是否塑造了心智的每个方面，以至于我们可以用进化论来理解人类思想、行为的每个方面，以及最终社会和人类文化的每个方面？这里的答案显然是否定的。

让我们回到外表审美的问题上，前文曾提出一个例子，说明进化分析如何解释对高度对称的脸的偏好的适应性价值。进化心理学早期的研究表明，男性对理想的女性体形的看法基本相同，无论国籍或文化。一般来说，男性似乎喜欢腰臀比低的女性身材，你可以称之为沙漏型身材。因此，这种文化上不变的对美的评判标准被广泛地作为证据，支持适应主义者对吸引男性类型的解释。然而，其他调查人员开始怀疑这种跨文化的偏好是否受西方媒体力量的影响，特别是接触的电影和电视明星所拥有的"理想"女性身材的重复形象。因此，他们寻找了一个文化上孤立的族群进行比较，即秘鲁东南部的马特斯根卡部落。这个族群的男性偏好与以前的研究"截然不同"，而之前研究主要涉及来自美国和其他受西方文化影响的男性。马特斯根卡人喜欢腰臀比较大的女性形象。最后，该研究的作者提出："进化心理学中的许多'跨文化'测试可能只证明了西方媒体的无处不在。"[48]

对于面部图像中的美感，也有类似的研究报告。在最近的一项研究中，547对同卵双胞胎被要求对200张面孔的吸引力进行1~7分的评分，然后要求非同卵双胞胎和无关系的人做同样的事情。[49] 如果对美的感知确实是一种深入基因的进化本能，人们期望看到同卵双胞胎的分数比其他组的分数更接近。结果并不是这样，研究人员得出的结论是"个体对于人脸的审美偏好确实主要由个人的生活经验而塑造"。换句话说，进化并没有产生一个普遍的审美标准，作为一种遗传偏好被传递下去。的确，有人可能会说，如果有此种标准，那么自然选择将逐渐使人类的面部和身体外观接近于绝对的单一标准。在任何一个城市或购物中心快速扫视一周，很快就会发现事实并非如此。

进化心理学能否解释美的标准是一个问题，但对于它最广泛的主张，即根据进化论来理解人类的一切，还有一个更紧迫的问题。我是否应该看着进化心理学的镜子，看到一组驱动力和心理模块使我倾向于强奸、掠夺、施加个人统治，并在反映我的更新世时期遗留下来的形象、声音和味道中寻找快乐？我是否承认我不是自主的、完整的、有思想的人，而只是适应性的集合？我是否认为我的价值观也是适应性的，所以关于什么是善、什么是美、什么是真的讨论实际上是古代驱动力的"行为占位符"，这些曾经提升了我们能力的驱动力（让我们茹毛饮血）只是比其他动物略强？问题是，在其最极端的情况下，进化心理学否认了人格和思想的独立性，并将美好生活这一经典的哲学问题颠倒过来。真正剩下的问题是，我如何才能最好地调整自己古老的冲动，以适应现代生活的变化环境。

这就是进化论对我们应有的意义吗？

威尔逊将 21 世纪描述为进化论将扩展到"包括所有与人类有关的知识"的时代，这是否正确？虽然进化心理学的爱好者肯定会赞同他的观点，即他们的学科现在可以主宰艺术、文化、历史、社会学和宗教，但似乎很明显，有些东西是缺乏的。当我们回忆起进化心理学如何成功地解释为什么继父比亲生父亲更有可能伤害配偶的孩子时，我们也应该记得，它未能解释为什么这种伤害的实际发生率会低到可以忽略不计。如果我们引用进化心理学来解释父母愿意为他们的亲生子女做出牺牲，我们也应该问问自己，为什么这么多人愿意为他们没有血缘关系的收养或寄养子女做出更大的牺牲。如果我们回溯到想象中的女人采集和男人狩猎的过去，我们应该问自己，如何确定这种想象真正反映了继续塑造我们今天行为的选择条件。进化心理学为人类的一切提供了全面和最终的解释，这种说法显然是不够的。

那么，是天性还是教养？答案当然肯定是两者都有。我们不是白板，我们的大脑在进入这个世界时并不是空白的记忆库，准备好被写入程序。我们的头脑和身体确实带有自然选择的痕迹，但问题是这些痕迹可能是什么，以及它们对行为和文化的影响有多深。在这里，进化心理学可以在探究人类行为的遗产和划分基因与文化的影响方面发挥重要作用。进化产生了一套广泛的行为本能，但这些本能并没有把我们锁进达尔文主义的牢笼，因为达尔文主义把人类的每种倾向都严格解释为一种适应，从而使独立思考和理性的想法失效。

以英国电视喜剧《巨蟒剧团》系列而闻名的演员兼幽默作家约翰·克里斯（John Cleese），在这段独白中优雅地提出了进化心理学的基本问题，他庄严地扮演了一个"科学家"的角色[50]：

> 你好。我们科学家现在已经找到一种基因，并认为这种基因使人们有必要相信上帝。
>
> 换句话说，这种"上帝基因"会向我们的身体释放化学物质，使人产生宇宙有意义的印象……
>
> 现在，这个上帝基因的发现是我们在寻求证明人类的每个行为都可以被机械地解释的过程中迈出的一大步，因为我们现在也找到了使一些人相信人类行为都可以被机械地解释的基因。

在试图将其他一切解释为自然选择的机械性产物时，进化心理学忽略了人类一项最重要的活动，那就是科学本身，尤其是进化心理学。

这样想吧，如果我们认同我们的宗教和道德冲动是自然选择的产物（我相信它们是），为什么不把这种解释扩展到其他人类活动，如科学和数学？如果我们认为考虑自身行为的道德后果的能力是进化的产物，那么构建数学系统的能力肯定也是如此。虽然没有人会争辩说自然选择有利于进化出能够进行多元微积分或黎曼几何的大脑，但我们大多数人确实拥有这样的大脑。没有人会声称更新世的条件有利于那些能够准确计算圆周率或确定电子质量的人，但我们确实已经证明自己有能力做到这两点。然而，没有人会争辩物理学或数学可以用进化心理学来"解释"。我们认为科学如果严格实践，将给我们一个真实和准确的存在图景，这几乎是一种信仰。开展科学研究的能力肯定是进化过程赋予我们这个物种的最大礼物之一，但我们不会把它当作这个过程单纯的人工产物。那么，我们为什么要把道德价值当作虚幻的东西来否定，或者把艺术和文学贬低为仅仅是向我们原始起源的倒退？

人们可能会说，进化心理学试图解释人类的每一项活动，除了其自身，可惜进化心理学并不理解这到底为什么那么重要。甚至在爱德华·威尔逊严谨的著作中也明显存在类似的混乱现象，在他的《知识大融通》一书中，他对宗教做了这样的陈述：

> 如果说历史和科学教会了我们什么，那就是激情、欲望与真理是不一样的。人类的思想进化到了相信神灵的程度。它并不是为了相信生物学而进化的。在整个史前时期，当大脑正在进化时，接受超自然现象传达了一个巨大的优势。因此，它与生物学形成了鲜明的对比，后者是作为现代的产物发展起来的，并没有遗传算法的支撑。[51]

但是，如果我们不仅把宗教信仰，而且把我们的分析能力看作进化的结果，正如进化心理学所坚持的那样，人类的头脑确实显然进化到了相信生物学。事实上，人脑发明了生物学！在为几乎所有的人类活动寻求适应性解释时，进化心理学始终忽略了这样一个事实：它也是由进化过程促成的一种人类活动。我的观点不是说进化心理学没有价值，它已经帮助我们了解了结合家庭和社会族群的遗传因素，它让我们了解了我们自身最基本的恐惧和害怕，最终它可能帮助我们学习如何组织社会和建立政治制度，以最大限度地提高自由和人类的潜力。

然而，它的一些方法具有高度的推测性，包括提及人类史前的不确定社会结构，以及在实现对行为的实际遗传学的真正理解之前愿意推断行为的遗传基础，这几乎不可避免地导致了超出科学数据所能支持的结论。因此，该领域已经并将继续产生一些经常违反常识的大新闻，而且在许多情况下，无法通过可重复性测试。关于强奸基因的说法、狩猎采集者对购物的解释，以及关于适应的简单故事，都属于这种过度的说法。

进化的适应性显然塑造了人类的大脑，同时也塑造了我们赖以学习、互动和寻求理解世界的基本心理框架。但这个框架是人类进化的开端，而不是结束。进化心理学的发现已经成为探索人性的一个重要部分，并将继续发扬。但是，在执着于深入过去，寻找束缚我们的隐秘枷锁的同时，我们必须认识到自己已经进化为唯一能够感知这些枷锁的生物，我们能够挣脱这些枷锁，并实现思想、行动和创造力的独立，从而使我们这个物种的伟大和持久的成就成为可能。

因此，我们是独一无二的生物，具有非凡的行为灵活性和想象力，最重要的是，具有自我觉知的自主意识。这种自我意识使我们在生物中独树一帜，超越生存和繁衍的必要条件，并能了解我们是如何走到今天的。

第五章

猿猴之智

　　进化的痕迹在人体中随处可见。人类的四肢保留着一种内在的骨骼结构，这遗传自 3 亿多年前最早在陆上爬行的脊椎动物；中耳内部的听小骨（锤骨、砧骨和镫骨）源自爬行动物祖先的颌骨结构；面部神经的布局遵循的其实是最早出现在古代鱼类身上的模式。就连触发眼睛、四肢和肌群发育的基因，也是从无数个世纪以前非人类祖先身上继承的改良版基因表达图式。但对很多人而言，这就是问题所在。

　　如果进化依靠修补远古的基因表达图式和结构来塑造我们的身体，那么我们的大脑也一定由此而来。虽然知道人类投出快速球的双臂与其他动物奔跑、攀爬或飞翔的肢体结构完全相同还能令人接受，但我们敢说大脑也如出一辙吗？人类的大脑进化的体积更大，但与曾经在非人灵长目动物、早期哺乳动物、两栖动物甚至鱼类身上发挥作用的脑部真有不同吗？我们可以相信它们呈现的真实图景吗？或者说，进化是否造就了一个疑点重重的器官，因人类残酷且杂乱的行为而不断受到污染？如果真的长了个灵长目动物的脑袋，我们甚至能开始理解存在的复杂本质吗？

感知与矩阵

我父亲喜欢摄影，他视照相机为珍宝，把它们当作精美的乐器。他能像大师一样谈论感光度、光圈和景深。夜晚，家里地下室的一隅就会变成父亲的暗室，他在那里冲洗照片。他的拍摄对象是我们家里的每个人，多年来的每次旅行、每次家庭聚餐、每次后院烧烤以及体育赛事。所以我想象大脑的模样时首先想到的就是照相机，我们的眼睛就像镜头，拍摄世界的影像投射到头脑的"屏幕"上。脑海深处有一个主控制台，注视着一张又一张的照片，并操纵控制杆来移动携带着"活相机"的手和腿。"脑袋大师"的工作是分析照片，并向"身体机器"发出指令。据我所知，"他"这种做法其实合乎逻辑，且做得很好，因为"他"毕竟就是我。

生物学中有句俗话——"我们只有通过感官的窗口才能认识世界"，我孩提时所了解的大脑的概念确实如此。完美无瑕的视频、声音、气味和味道进入了内心深处，此时虚拟的"我"全然接受。我蜷缩在指挥椅上，命令身体翻翻书、抓个热狗，或者拉上夹克衫的拉链，相继做出重要决定。一切似乎都那么简单，那么合理。我们确实通过感官认识世界，用大脑解释世界，这是不争的事实。但是万一感官系统出了问题呢？如果它们呈现的是一个不真实的世界，如果我们的感知不完整，甚至把自己蒙在鼓里，又会如何？

类似的情况在科幻电影《黑客帝国》中成了必要的情节，电影描

人类的本能

绘了一个由智能机器统领世界的不远的未来。人类成了为那个世界供能的生物电源。为了控制人类，这些机器将他们固定在营养池中，用不寻常的方式颠覆他们的感知输入。所以人类相信他们是在一个正常的世界里积极生活、四处奔走，但那个世界不过是一个"矩阵"，一个纯粹的幻觉，只是为了将人类变成生物电池，为机器提供动力。如果你看过这部电影就会明白，主角尼奥是一名黑客，他发现了矩阵的反复无常并最终逃离，加入了一个反抗机器统治的组织。

对尼奥来说，离开安逸的矩阵世界是身心痛苦的选择。他需要面对一个新的现实，加入一场新的斗争。最重要的是，现实和矩阵世界之间严重脱节，尼奥一生的感官都是被灌输、编造而来的，直到逃离的那一刻。

《黑客帝国》中的许多元素都是令人难以置信的，但跟所有优秀的科幻电影一样，它的情节中包含着真实，以及足以让我们反思自己所处时代和环境的一丝可能性。在《黑客帝国》中，尼奥所处的虚幻世界会欺骗感官，并诱使大脑内部构建一个虚拟的现实——一个由机器选择以确保其支配地位的现实。值得注意的是，机器虽然编造了一系列感官错觉，却让人类的大脑自由解释、分析这些错觉。依靠外界的些许帮助，尼奥打破藩篱，掀起革命，最终机器落得一个看似覆灭的结局。你可以说这部电影传递了一条科学道理：即使头脑中面向外部世界的"照相机"被蒙骗，即使呈现给大脑的图像、声音和感觉有缺陷，"脑袋大师"也会注意到。内在的心灵必将驱散幻觉的迷雾，并找到通往真正理解现实的道路。这样的想法真不错。

我仔细思忖这部电影，想起了达尔文很久以前写的一些文字。这并不是因为电影中有任何进化生物学方面的暗示，而是因为达尔文自己的想法引导他提出了一个关于人类思维更深层、更令人不安的问题。1881 年，即达尔文去世的前一年，他写了一封信，表明他对宇宙并非偶然而成的笃信。然而在提出这一观点后，他退却了，想知道自己或他人在考虑这个重大命题时是否值得信赖：

> 但是我总会萌生一个骇人的疑问，即从低等动物大脑进化而来的人类头脑的信念是否有价值，或者是否足够可信。如此进化而来的头脑如果存有信念，那么谁会相信猴子头脑中的信念？ [1]

我们的感官不甚完善，或者历经颠覆，所以这个问题比我们可能面临的其他困难都要深刻得多。它触及了思维本身的内核，让我们认为脑部就像其他器官一样，都是自然选择的产物。既然不相信动物能对存在的更深层次问题进行思考和推理，我们又怎么可能相信自己？

达尔文并非唯一对此存疑的人，自他写下那句话以来，科学在近半个世纪里取得了不俗的进步，但仍然有人与该疑虑产生共鸣。比如，在量子物理的微观世界里，微观粒子具有波动性，在某个时空中更可以影响一个遥远、看似不相干的事件，但为什么我们在理解这个世界时举步维艰？同样，广义相对论可以描述时空曲率和引力对时间的影响，但为什么这种理论的意义似乎不大？

正如理查德·道金斯注意到的，问题可能出在进化上吗？道金斯在 2005 年的一次演讲中说，大脑的进化是为了帮助人类在"非洲的更新世"中生存，而不是为了与量子力学或时空连续体问题纠缠。我们每天的际遇发生在一个可以称为"中间世界"的世界里，它处于两个空间之间，一个是小得不可思议的量子涨落领域，另一个是大得难以想象的宇宙——充斥着黑洞和不断扭曲的时空。所以在道金斯看来，对于找寻祖先脑部大小的意义，人类思维是靠不住的。

J. B. S. 霍尔丹早年说过："我怀疑，宇宙不仅比我们设想的要古怪，而且比我们所能想象的更古怪。"[2] 也许宇宙本身令人费解，自然选择便是罪魁祸首。

进化的头脑

拥有一个"进化的"大脑所带来的问题不仅仅在于它让我们在面对大学物理课程时常常头昏脑涨，我们不应该期望严酷的自然选择会创造出完美的头脑，就像不应该期望自然选择能创造出完美的身体一样。首先，进化从来都不是从零开始的。今天活着的任何生物都不是天然适应其时代的环境而构建出来的，将进化视为工匠而非设计师更加有用。与其说进化是一名设计师，倒不如将其比作一个修补匠，它从既有的结构和模式着手，为了通过自然选择的"测试"而东修西补，即使改得笨拙粗犷也在所不惜。其次，进化也从未完完全全构建过一个器官，没有像水利工程师那样布置循环系统，也没有为了适应不断变化的环境重新连接神经系统；反之，它被已有的缺陷和瑕疵所困，只能在这里加些组织，在那里改些形态，或者通过修改旧组织来添加新功能。对大脑而言尤其如此，久而久之，进化在大脑的此处添砖，在彼处加瓦，总是通过修改、添加一个不完善的先存结构来对脑部进行调整。

古生物学家尼尔·舒宾（Neil Shubin）在他的获奖著作《你是怎么来的：35亿年的人体之旅》[3]中就人体进行了精彩探索。人体解剖学的奇特令舒宾大为震惊，比如某些神经和血管中异常复杂的通路，他追根溯源，把这些特征与人类经历进化的祖先联系起来。人类和所有其他脊椎动物一样，从胚胎发育开始，就像一条结构简单的鱼，两侧对称，神经、肌肉和血管呈网格状排列。但是人类胚胎在子宫里慢慢发育时就会发生转变，生成的不是鳍而是四肢，不是鳃而是耳朵和喉咙，还形成了能支撑直立行走的复杂骨骼。这种鱼形身体设计的变化使我们成为人类，但它们也成为很多一塌糊涂的身体设计的祸端。我们的椎间盘容易破裂，连接膝盖的韧带容易撕裂，嘴巴连通肺和胃导致我们可能因被食物噎住而亡。大脑内部最原始的部分就叫作"爬行脑"，但这是一种赞扬，因为爬行动物比原始鱼类的出现晚得多，后者的肌肉、神经和大脑结构仍是人类进化的起点。在这个摇摇欲坠的"框架"上，人类创造了语言、道德、艺术甚至科学。

自然选择不关心完美、理性、真理或美丽，这是"进化的"大脑与自然选择有关的另一个问题。用哈佛大学心理学教授斯蒂芬·平克的话来说，就是："大脑负责处理信息，思维是一种计算。"[4] 因此，根据平克的标准，在人类出现之后，思维只不过是一种信息处理过程，能够顺利生存和成功繁衍才是过去唯一的标准。大脑是由自然选择磨砺而成的，自然选择也许完全有能力向我们呈现一个扭曲的现实，前提是这种扭曲对生存和繁衍有利。我们当然可以相信（起码在更新世）大脑能做出充分利用生存竞争机会的决定，那么还有什么是值得怀疑的？身体是一台"生存机器"，大脑这个历经改造的灵长目动物器官则是存放这台机器中枢的地方，那么，正如达尔文所说的那句话："谁会相信猴子大脑意识中的信念呢（如果一只猴子真的有信念）？"

最后，需要认清的是大脑本身的物质现实。过去，我们可能认为情感的聚集地是心脏，灵感源于我们缥缈的灵魂，当血液从身体的"熔炉"——心脏中泵出时，大脑的作用仅仅是将其冷却。然而，卡尔·齐默在著作《血肉灵魂》[5] 中写道，托马斯·威利斯（Thomas

Willis）和其他学者在 17 世纪和 18 世纪的研究为大脑确立了思想、感觉和心理的物质基础的牢固定位。大脑和身体的其他部分一样都是由细胞组成的，数十亿被称为神经元的细胞共同构成大脑，向其他神经元做出反应并传递脉冲。这些细胞形成了一个庞大而复杂的网络，牵连着来自环境的刺激，也牵连着执行大脑指令的效应器。当强烈的闪光导致眨眼，光线的刺激会激活流经整个大脑的脉冲，并迅速向眼睑肌发送闭眼的指令，保护视觉系统免受损害。由此看来，大脑只是人体生存机器的一部分。

生物电与神经连接

18 世纪末，路易吉·加尔瓦尼（Luigi Galvani）将解剖的青蛙腿肌肉连接到一块电池上，发现其肌肉抽搐——人类在理解这种机制的性质方面做过大量尝试，这当数成功的一次。加尔瓦尼立刻想到神经是一种活的电线，把电信号从身体的一个部位传递到另一个部位。这一发现启发了他的外甥乔瓦尼·阿尔迪尼（Giovanni Aldini），他进行了一系列令人毛骨悚然的演示，证明电的力量可以让死亡的组织复活。阿尔迪尼对附近绞刑架上一具新近出现的尸体进行充分电击，使其产生肌肉收缩，尸体的胳膊和腿竟然动了起来，面部肌肉也有了变化。旁观者看到这些面部动作大感震惊，见此情况，阿尔迪尼便用被斩首的犯人头颅继续做实验。他改进了技术，尝试对头颅的下颌进行刺激，这次死者紧闭的眼睛竟然睁开甚至眨眼了，表情逼真，据说一名观众看到之后吓死了。

这些早期实验的影响扩展到了文学界，并为玛丽·雪莱扣人心弦的小说《弗兰肯斯坦》提供了科学背景。如果普罗米修斯是给人类带来火的提坦，那么怪物的创造者弗兰肯斯坦就是"现代普罗米修斯"，用电流之火将无生命的肉体复活。虽然雪莱的小说打破了文学和想象的藩篱，自此在文学界备受赞誉，但鲜有人关注其科学潜台词。复活死亡身体组织的幻想的背后是一种革命性的理解，即人类的生命和思想纯粹是物理构造，可以用物质和能量之间可预测的相互作用进行解释。

在神经系统中，连接这些相互作用的就是神经元。就是这些细胞将加尔瓦尼的电脉冲传输到肌肉，阿尔迪尼也正是通过刺激这些细胞使观众感到震惊。此时此刻，这些细胞将这一页上的文字带入你的大脑深处。某种意义上，神经元与加尔瓦尼比喻的电线十分相似，但两者在某些关键方面有所不同。和身体的大多数其他细胞一样，神经元会在细胞膜上产生一个电位，即一个电压，就此而言，神经元并无特别之处，它们和其他细胞都会主动泵出或泵入某些离子。所以细胞膜上的某些离子，尤其是钠离子（Na^+）、钾离子（K^+）和氯离子（Cl^-）的浓度差异逐渐积累，它们会在细胞膜内外产生电位差。细胞膜内的电压大约比膜外低 65 毫伏。这个数字看起来并不起眼（普通手电筒电池的触点之间也能产生 1 500 毫伏的电压），但在这层超薄的细胞膜上，即使是微乎其微的电压也足以驱动多种细胞进程。

神经元与其他细胞最大的区别在于它们如何利用这种电位。当神经元受到刺激时可以打开和关闭细胞膜上的离子通道蛋白，让离子电流像波一样从细胞的一端流向另一端。在铜电线中，电荷以极快的速度直接流过导电能力很强的金属。而神经元通过打开和关闭它们的离子通道实现电线通电的效果，这种方式允许神经冲动在细胞两端来回移动。这些神经冲动的传导速度比电流通过电线的速度低得多，但仍然足以在几毫秒内将电信号从大脑发送到下方的身躯。

神经科学家称这种电脉冲为动作电位，当其到达神经元末梢时会触发神经递质释放，这种化学物质可以将电脉冲传递到另一个细胞。这样电脉冲就可以在细胞间传递。神经元之间的连接点被称为突触，源于古希腊语中的"连接"（junction）之意，即两个物体连在一起的节点。因此，通过细胞膜的离子为一系列组成神经系统内部交流的电活动提供了动力。这些运动产生一连串的化学反应，过程中神经冲动会引起神经递质分子的释放，然后这些分子会穿过突触，引发下一个神经元的冲动。

所以，我们一开始可以把包括大脑在内的神经系统理解为一个紧密相连、互相传递化学信号和电信号的细胞网络。这个网络的"信号输入"源于感觉神经元——一种直接或间接对外界刺激做出反应的细胞。其中有些（味觉和嗅觉感受器）对化学物质有反应，有些则对可见光（视网膜）、声音（内耳）或施加于细胞本身的物理压力（触觉感受器）有反应。伟大的西班牙病理学家、神经学家圣地亚哥·拉蒙－卡哈尔是确立神经系统细胞性质的第一人，他提出了神经元理论。大脑中无数个细胞个体共同组成异常复杂的网络，卡哈尔的研究为理解大脑的工作原理奠定了基础，因此，他被誉为"现代神经科学之父"。今天的神经科学，以及我们对脑部的理解就是在这个基础上发展起来的。

意识也由原子组成？

数字计算机起初是围绕着一堆真空管建造的，这些真空管作为开关，根据另一个电路施加的电压打开或关闭一个电路。英国人恰如其分地将这些真空管称为"阀门"，表明它们可以开闭电路，也能促使一个发出输入电信号的源头控制另一个发出输出电信号的源头。真空管的线路可以连在一起形成逻辑电路，这样就可以对经过数字编码的数字信号进行加减乘除运算。今天这种置于现代电脑核心的电路，几乎都由固态微电子晶体管构成。人们熟知的智能手机和笔记本电脑，为其编写数据和应用程序的语言就是针对这些数字电路而设计的，其能力超群且高度灵活。

神经元也能分组形成网络，其中一个或几个细胞的信号输入控制另一个细胞的信号输出。起初由加尔瓦尼青蛙实验中触发的反射弧有少部分细胞已经以近乎线性的序列连接在一起。作用在一个细胞上的脉冲触发了一个沿轴突级联的动作电位，从而触发下一个细胞的动作电位，然后再到下一个，直到最后的脉冲通过化学机制转移到一个做出收缩反应的肌肉细胞。

成组的神经元也能起到开关的作用。在许多情况下，单个神经元释放到突触的神经递质分子并不足以触发下一个细胞的动作电位。相反，几个神经元必须一起"发射"到一个突触，才能释放足够数量的神经递质分子来触发脉冲。也就是说，要权衡一组细胞的输入多少，在数量足够的情况下在相邻细胞中开启一个新的脉冲，就可以在这样一个突触上做出触发的"决定"。如果输入不够，相邻的细胞将不为所动。

简而言之，神经元的确模拟了晶体管的功能，因此我们有理由认为大脑是一个巨大的神经回路集合，就像现代计算机这个电路集合体一样。可以肯定的是，大脑比任何一台计算机都要复杂，神经元处理复杂信息的能力也比晶体管强得多。但是把大脑比作计算机已经很有说服力，很多人愿意用这个模型来解释思维和大脑的运作，作为完全可以用生物化学和细胞生物学阐明的现象。

从这一分析中可能得出的结论颇为尖锐。如果我们认为人脑好比电脑，那么我们的思想就不是存在于纯粹精神的、充满魔力的世界里的真正"思想"。它们依凭物质,并由神经系统产生,通过开关分子大门,离子得以在细胞间进出,从而生成思想。一旦我们不再认为思想与众不同,"心智"仅仅就是一个用来表述大脑行为的词。在我们思前想后之际,也可能把"灵魂"的概念连同前科学时期的许多迷信一并抛弃。很多人无疑会感叹:"终于可以摆脱这些累赘了!"但并非所有人都愿意。

早在分子神经科学时代到来之前,作家兼神学家克莱夫·斯特普尔斯·刘易斯(Clive Staples Lewis)就预见了类似的事情,并就神经科学对人类自我概念可能产生的解读深感忧虑:

> 如果思想完全依赖大脑,大脑全然依赖生物化学,而生物化学(从长远来看)又依存于毫无意义的原子流,我想知道,这样的思想又怎会比树上的风更有意义。[6]

当然,刘易斯对神经科学在人类思想以及宗教经验的有效性层面的意义非常关切。尽管人们可能会忍不住把刘易斯视为基督教教义的辩护者,但想一想,霍尔丹在 20 年前就表达了他的忧虑,与刘易斯几乎不谋而合:

> 如果我的思维过程完全取决于大脑中的原子运动,我就没有理由认为我的看法是正确的……因此,我没有理由认为我的大脑是由原子组成的。[7]

显然,霍尔丹担心科学思想的有效性,担心单纯认为大脑功能也是物化而成的观点可能引发对科学本身的猜疑。两者都被这样一个概念所困：栖身于所谓大脑的思想纯粹是由原子、分子和细胞构成的物质。我相信，两者都在寻求一种思维的概念，希望它可以肯定思维在探索和理解物质世界上的能力，可以证实人类的思维能够满足生存和繁衍以外的基本需求。但他们也担心对人脑的研究可能会把这些期盼碾得粉碎。

可以肯定的是，把大脑称为一台机器，特别是一台化学机器其实恰到好处。一般来说，碳原子的作用只是让铅笔把一张纸涂黑，如果说存在于大脑中的一个碳原子集合能够思考似乎有些荒谬，但这的确是大脑分子图像所暗示的。虽然碳原子和其他原子并不完全是思维的一部分，但试想，当碳原子和其他原子以特定的方式排列时，它们似乎确实会影响我们的思维。比如，许多改变情绪的药物在分子水平上看似简单，却能做到这一点。锂就是一个例子，它被用于治疗双相情感障碍。锂基药物的有效成分为锂离子（Li^+）本身，它可能在大脑内某些关键结合位点取代钾离子（K^+）和钠离子（Na^+）等体积较大的离子。虽然锂的详细作用尚未明晰，但无疑电离条件下的锂可以对一个人的精神状态产生深远的影响。

锂并非特例，药店的货架上摆满了化学药品，它们能提升情绪、缓解焦虑、平息亢奋，甚至抑制吸烟的冲动。作为生于 20 世纪 60 年代的一员，我不禁回想起"杰斐逊飞机"乐队的成员格雷丝·斯利克（Grace Slick）唱过的一首歌《白兔》："一粒药丸让你变大，另一粒药丸让你变小……"在那个时代，人们可能还会想到心理学家蒂莫西·利里，他叮嘱年轻人要"激发热情，向内探索，脱离体制"，其所有研究都得益于一种能大幅改变思维的化学物质，它强大到可以改变我们对现实的看法。如果原子和分子能对大脑造成深刻影响，让我们或快乐或悲伤，或焦虑或放松，也许就像霍尔丹心中所虑，人类的思想只不过是大脑中原子的运动罢了。我们最好还是适应它。

心灵滤镜

传统意义上，西方哲学对精神和物质做出了明确的划分。17 世纪的法国数学家、哲学家勒内·笛卡儿对此划分做出了最清晰的表述，他创设的笛卡儿坐标至今仍在解析几何领域发挥效用。笛卡儿认为，身体是一个实物，受自然规律支配，并依照工程学和物理学的原理运作。然而，精神和灵魂却不能简单做出解释，两者的性质必然与身体完全不同。虽然身心可以相互影响，但心灵的本质仍然是非物质的。今天，许多人与笛卡儿一样，认为灵魂与肉体是分离的。如果你还记得我在本章开头描述自己童年时期对大脑的看法，你就会清楚地看到一个心物二元论的例子，尽管它并不复杂。

还记得儿时那个坐在大脑控制室里小小的"我"吗？当我想到自己的大脑时，我可能会想象这样的画面：那些拥有自我意识、控制着思维和行为的神经元互相纠缠，而就在这错综复杂的网络之间，存在单独的个体——一个拥有自我意识的实体。但 20 世纪哲学家吉尔伯特·赖尔（Gilbert Ryle）有力地辩称这种观点是错误的，用他的话说，没有"机器里的幽灵"。他认为试图寻找独立于身体的精神是一种哲学上的"范畴误差"（category error）——这是他自己创造的术语，相反，他认为思想是物质的，是大脑日常活动的一部分，既然大脑的活动终究可以用物理术语来解释，那么思维本身也可以用物理术语来解释。

即使所有的思维都建立在物质的基础上，即使这些思维同我们所认为的一样直接以细胞的物质运作为基础，我们也可以相信感官能够向大脑呈现精确的现实画面。眼见为实，对吧？但几乎每一位认知心理学家都会提醒你，我们的感觉根本不如通常认为的那般可靠。

　　这一点可以通过视错觉轻易证实，视错觉欺骗人类高度发达的感官——视觉的图像。其中有一幅著名的视错觉图片（见图 5-1）让我尤为震撼，图片中，棋盘上放置着一个实心圆柱体。一束明亮的光线从某个角度照在棋盘上，让圆柱体投射出清晰的阴影。

图 5-1　由爱德华·阿德尔森绘制的《错觉》

　　棋盘上有两个方格分别标记为 A 和 B，观察者要说出哪个颜色更深。因为 A 位于圆柱体投射到方格 B 上的阴影范围外，所以显而易见的答案似乎是方格 A。但是如果将 B 周围的格子移除，效果如图 5-2 所示，显然 A 和 B 的灰度完全相同。

图 5-2　《错觉》中方格 A 和 B 的灰度

　　　　　　　　　　　　　　　　　　　　　　　　　人类的本能

麻省理工学院的爱德华·阿德尔森设计的这一视错觉图片展现了人类感官最重要的特征之一——它们在将信息呈现给有意识的大脑之前会对信息进行处理。虽然几经努力，我很清楚方格 A 和 B 的灰度完全一致，却不能强迫自己在图片中"看到"这一点，因为人类的视觉系统不能像数码相机一样通过原原本本地记录每一个像素，向大脑呈现图像。即便我们并不希望它们这样做，但视觉系统中的感觉细胞也会把棋盘上的每个方格和相邻方格进行对比以确定单个方格的相对亮度。这样它们便提升了物体的边缘辨识度。这些细胞还能自动识别阴影模糊的边缘，并调整对阴影中方格的感知，让方格看起来比实际亮一点儿，这个机制弥补了阴影的影响。

换句话说，如果我想准确衡量图中每个方格上的阴影，与其盯着这张图，不如用数码相机收集每个像素，观察打印出来的像素。由此来看，人类的视觉系统并没有通过准确性测试。同时，它又颇为复杂。视觉系统得以进化到能够捕捉同时存在于光与影中的物体形象，靠的是调整传输到意识大脑的信号来解释阴影遮蔽效应，从而自动消除阴影的影响。此时，视觉能对现实产生更准确的感知。但在上例中，一张精心制作的合成图的细节却骗过了我们的感知。

这种无意识的过程不仅出现在视觉领域，听觉、触觉甚至味觉和嗅觉都可能被欺骗。感觉本身是由其他物理事件产生的物理事件，这意味着我们不能保证大脑感知或解释这些事件的方式与现实相符。唯一可以肯定的是，如果我们的感官感知因未能遵循客观现实而得不到锻炼，出于需要，自然选择的确会对其进行微调。因此，我们所见的，其实都是透过心灵滤镜看到的物体形像。

达尔文的克鲁机

我在 20 世纪 60 年代学了编程，当时的计算机是个大型而精密的机器，需要由大批人员专门照料它们的方方面面。我所在大学的计算机人员要在机器中安装磁带、通过控制台切换操作模式、加载各类输出文件，另外，像我这样的学生要在打孔卡上用 COBOL 和 Fortran 等语言打出代码指令，而这些打孔卡也需要他们手工清点。大学里的主计算机占了一整个大房间，但内存有限，按今天的标准，其处理速度简直慢得可笑。这些局限使得设计出独特的程序变得至关重要，它们要精巧到只需要用到很少的指令，并尽量降低对大学里这台唯一共享存储机器的核心内存的要求。尽管我很努力，但我设计的程序称不上"精巧"。学生顾问经常用"克鲁机"（kluge）这个词形容我的代码。这不是一个夸奖人的词，它指一个笨拙的、尴尬的甚至毫不精巧的解决方案。我那克鲁机般的程序代码行数太多，穿插着不必要的指令，而且是用我重新设计的旧版代码构建的，用于执行它们最初没有设计的任务。这些错漏让它们的运行缓慢而笨拙，若遇到始料未及的信号输入时，这些代码往往会失效。可以肯定的是，最终这些代码都成功了，我还是通过了这门编程课，但它们并不是一个人关于如何编写代码的模型。

从某种意义上说，人类大脑的"设计"也是一种"克鲁机"。纽约大学心理学教授盖瑞·马库斯将这一概念作为了他作品的书名（中文版译名为《怪诞脑科学》）[8]，他在书中引用了人体的一些"克鲁机"特征，包括会产生视觉盲点的视网膜反向连接现象。马库斯说这是进化的结果，产生的并不是完美的躯体，而是在严酷的自然选择中也能很好地存活的身体。他想知道，为什么大脑就该有所不同，为什么进

人类的本能

化要通过一次次地对远古祖先的脑部进行修缮来逐步构建大脑。

20世纪60年代初，神经学家保罗·麦克莱恩（Paul MacLean）用他对"三重脑"的描述说明了大脑在进化中发生的变化。他认为如今大脑的结构是3个不同时期共同作用的结果，在这3个时期中，新大脑结构置于旧大脑结构之上，增强了旧组织的能力，但并没有取代它。因此，大脑就像一个巨大而复杂的建筑，新的建筑一次次地被纳入，但没有打破原来的结构。那些古老的走廊和门厅都被保存在这座宏伟建筑的深处，它们的功能得以保留，因此要放弃那些想要将整座建筑现代化的想法。后脑就是最古老的"建筑"，它负责控制呼吸和身体平衡等自主功能，以及肌群协调功能。中脑，也称大脑边缘系统，负责控制情绪、本能、性行为和幸福感。前脑是新进化的部分，管理语言、决策和高级认知功能。严格意义上的三重脑之间有着明确的界线，虽然概念过于简单化，但实际上大脑回路是这三者的糟糕组合：最古老的后脑、非常老的中脑，以及相对新的前脑，一起运作。

随意建构的结果是大脑容易出错，引发精神疾病、健忘、迷信、不合逻辑、语言失准，以及判断力的大幅下降。进化可能给大脑灌输了一种曾经帮远古祖先生存下来的愉悦感，如今，同样的愉悦却导致人类暴饮暴食，对健康百害而无一利。曾帮助人类求得配偶、保育后代的行为，今天却表现为愤怒、挑衅和病态焦虑。

因此，人类拥有一颗进化过的灵长目动物大脑，不是为了追求精准、敏锐和道德，而是要应对进化自然选择中以残酷生存为中心的要求。无论在哪个方面，相比我们因为自己的血统而诋毁祖先的行为，这种说法更令人不安，因为它抨击了人道主义的核心。它可能会破坏我们的价值观，蔑视美学、道德甚至哲学。这个仅由细胞和分子碰撞集合而成的大脑能对一切给出可靠的解释吗？正当达尔文想方设法让自己相信灵长目动物的思想时，他察觉到了一些端倪。

华莱士的教堂

著名灵长目动物学家弗兰斯·德瓦尔说："我们不仅是身体上的动物，还是思想上的动物。"[9] 此话不假，但是如果要研究人类进化遗传的局限性，就需要重视许多动物表现出的那种曾经只属于人类的智慧。在近年出版的一部书[10]中，德瓦尔列举了一些令人瞠目结舌的动物智慧行为，比如黑猩猩和乌鸦懂得制造工具、鳟鱼的种群合作、松鼠的地理空间感知、绵羊能识别面部，以及西丛鸦会小心贮藏食物等。事实上，一名评论家指出，德瓦尔收集了太多例子，内容不免有点儿重复。重复也许无可厚非，但这也是他要表达的重点。不仅人类有智慧行为，某些动物在各方面也确实比人类更聪明。如果你对此心存疑虑，不妨登上一架小飞机，看看在没有导航设备的情况下是否能找到飞往米却肯山的路线，因为帝王蝶每年冬季都会不远千里飞到那里。

达尔文也指出，人类和其他动物之间的区别不在于种类，而在于程度。即便是我们认为最具有道德意义的行为，在其他动物表亲身上的差异也非常惊人。黑猩猩和倭黑猩猩都有明确的社会规则、解决争端的协议，以及良好的公平意识，它们会在与其他个体的互动中权衡回报和利益。德瓦尔指出："猩猩和人类一样也追求权力、享受性爱、渴望安全与关爱，也会为领土而杀戮，重视信任与合作。"[11]

这就表明人类的智慧并非一蹴而就，人类行为的许多方面也能在其他动物身上得到体现。这一点显而易见。但如果认为不再需要进一步解释人类表现出的智力水平，那实在太天真了。德瓦尔的著作展示

人类的本能

了灵长目动物表亲非凡的智慧。但是要知道，这本书的作者是德瓦尔博士，不是他所描述的任何一种卓越的动物。虽然动物能奏出美妙的音乐，但它们不作曲、不谱曲，也不发表自己的作品，更不用说将其转换成数字格式，或者向使用者收费（这或许是最人性化的做法）。人类这种动物有明显的不同之处，而正是这一点不同需要一个解释。

之前，我提到华莱士对人类心智能力进化的质疑，他意识到即使是那些被他称为"野蛮人"的大脑也能像英国学者的大脑一样发达。华莱士对在自然选择理论中找到的解释感到失望，因为他认为进化的驱动力只剩下自然选择。他后来认为人类大脑的非凡能力是神明所赐，自然选择没有这个能耐。

然而，有一点达尔文肯定明白，但华莱士没有理解：自然选择并不是推动进化的唯一机制。在《物种起源》第一版的序言中，达尔文明确指出："我相信自然选择是主要的但并非唯一的改变方法。"奇怪的是，似乎没有人注意到这一点，而且批评者要求用适者生存来解释生物的每种属性，达尔文知道后愤愤不平。在《物种起源》的第六版，也就是最后一版中，达尔文满肚子怨气地表示，他关于其他"进化改变方法"的论点竟然"毫无用处"。他希望那是最后一次表明自己的观点，因此写下这样一句话："持续不断地歪曲事实的力量很强大，但庆幸有科学史为鉴，这种力量不会长久。"[12]

然而，这种力量在许多方面却一直存在。进化论的批评者仍然认为，对有机体的每个特征都要配以"就这样"的关于适应的故事，如果缺少这样的故事，他们就会抓住机会大肆宣扬进化论是失败的，但事实证明达尔文没有错！ 1979 年，古尔德和列万廷发表了一篇精妙绝伦的经典文章"圣马可大教堂的拱肩和盲目乐观的范式：对适应论纲领的批判"[13]，文章阐明自然选择并不能解释一切。此文一出，威尼斯圣马可大教堂最突出的建筑元素之一——夺目的拱肩就博得了公众的眼球。大教堂穹顶状的圆形拱门在建筑表面的三角塔之间相接，塔身铺盖闪亮的马赛克瓷砖，上面绘着《圣经》中的场景，讲述着基督教的故事，以及它与旧约和先知之间的联系。有人可能会赞同古尔德和列万廷所指：这些拱肩是大教堂周围建筑的起点。其实它们并不是起点，而是由教堂数个圆顶直角交错产生的空间。建造一座有多个圆顶的大教堂，无论你想要与否，圆顶相接的地方总会形成拱肩。

古尔德和列万廷用这种建筑结构特征来比喻进化可能衍生的某种特征，这些特征实际上并非通过自然选择而产生。他们举出了"奠基者效应"（founder effect）的例子，即一个拥有不同于一般种群基因组的小种群最终进入了一个与世隔绝的栖息地时，即便某些特征对生存没有特别的好处，却也可能对这一隔绝种群起主导作用。其他促进非适应性演化的力还包括可能同时加快多个组织或器官生长速度的基因突变。因此，选择增加一个器官的大小也可能增加其他器官的大小，从而产生意想不到的新特性。古尔德和列万廷都赞成进化会带来多种改变，承认有许多力量在发挥作用，相反，适应论将人类的所有特征都视为自然选择的直接结果。两种观点形成了鲜明的对比。

再回想一下华莱士对原住民智力的惊叹，他们一旦"开化"，就能在智慧、艺术和技能方面表现出卓越的造诣。用华莱士的话说，在这些"野蛮人"生活的原始环境中，这三者都不是有利条件，他们大概也必须面对自然选择的严酷挑战，那么为什么他们有如此神奇的能力？应该说为什么所有人都有这种能力？因为人类化石记录中包含着惊人的进化变化。当中有些变化相当微妙，比如骨盆与股骨连接的角度、手腕和脚踝部分骨头的形状，以及下颌骨的弯曲程度。但是有一个变化异常显著——人类脑容量的增长惊人。在大约300万年前的一个地质时期，平均脑容量从大约 400 毫升增加到现在的 1 300 毫升。在这么短的时间内，人类身体里没有其他器官在体积上经历过如此剧烈的变化。

当然，这种变化部分是遗传使然，现代人与现代类人猿有大量基因是一致的，研究人员已经能够精确定位人类基因组中的一些能够增大脑容量的变化。其中一种基因被称为 ARHGAP11B，它是由大多数哺乳动物体内存在的另一种基因经过复制和修改形成的。然而，ARHGAP11B 为人类特有，是在人类与黑猩猩的谱系分离之后形成的。如果将这种基因移植到老鼠体内，就可以产生大量的脑干细胞，并促进大脑新皮质的生长，而新皮质正是大脑语言和推理等高级功能发生的区域。[14] 值得注意的是，这种基因也在尼安德特人和丹尼索瓦人的化石中被发现，这有助于解释其大脑体积增大的原因。

至于这样的基因变化如何，甚至是否受到自然选择的青睐，答案依然很模糊。一个拥有更多神经元的大脑也许在某些方面颇有用，但神经元会耗费大量能量（因为那些忙碌的细胞和它们的动作电位会燃烧大量的热量），这也是人类的新陈代谢率比类人猿近亲高的原因之一。[15] 我们只有通过烹调高能量的动植物食物来释放它们的营养，以便有效吸收，才能维持这样的代谢率。因此，一些人类学家认为，学会用火和食用熟食也许促成了脑容量的增加。这种说法的科学细节还有待研究。但既然脑容量的增长显著而迅速，我们肯定能知道它发生了什么变化，并且会问这是否与人类的思维能力有关。

对于人脑智力，最简单的解释是：动物脑容量越大越聪明。在广义上这无疑是千真万确的。脑容量大小很重要！人脑中大约有 860 亿个神经元，计算能力可谓十分强大。古尔德和诺姆·乔姆斯基都认为，正是脑容量的显著扩大使语言成为可能。在他们看来，人类具有独特的语言能力有多种生理和心理适应的因素参与其中，但自然选择并非直接原因。相反，进化优先选择发展原生智力，所以脑部才变得又大又复杂。同时，心理越发复杂，身体和心灵就越能衍生新能力，而语言就是其中之一。两人认为，语言并不是直接通过物竞天择产生的，而是在脑容量增加时，由于其他的选择之力（比如智力的"拱肩"）间接产生的。

关于语言起源的"拱肩观"，语言学家和人类学家之间存在巨大的分歧，许多人持完全相反的观点，他们认为，语言的产生的确是一种被自然选择青睐的特定的人类适应过程。[16]但是撇开这个问题不谈，我们还应探寻人类大脑和其他灵长目动物大脑之间是否存在质的区别，如果存在，这些区别又是如何产生的。

哈佛大学的两位神经科学家兰迪·L.巴克纳和芬娜·M.克里嫩认为已经发现了这些区别，而且他们对其产生方式有了很好的了解。这些区别就是"拱肩"！

他们在2013年发表的一篇文章[17]中指出，大脑的外层（皮质）在附近的神经元之间有预设的特定连接。通过学习和经验可以强化神经传导通路，而这些神经连接会携带着神经冲动沿着这些明确的通路贯穿始终。然而，由于人类的脑容量相对于灵长目动物近亲而言太大，在人类进化的过程中，大部分局部神经连接都被破坏了，神经元细胞要以另一种截然不同的方式连接。这种脑连接组的激增现象在大脑皮质的联合皮质区最为明显。这些区域唯独与大脑中的细胞相连，在决策、记忆检索和自省方面尤其重要。在神经学层面，巴克纳和克里嫩认为，随着脑容量的增大，这些神经元已经从以往支配远古祖先较小脑部结构的层级中"挣脱"出来。因此，巴克纳和克里嫩写道，这种人类大脑的重新划分"将主要的回路结构从一个起初与感觉、运

人类的本能

动层次结构紧密相连的结构，转变为对人类思维至关重要的不规范结构"。[18] 换句话说，就像一个村庄因快速扩张突然变成一座大都市，快速扩张可能从根本上打乱了在灵长目动物大脑中传递信息的"正常道路""高速公路""交通模式"，在杂乱的增长和重组过程中形成了能够打破旧结构的新回路。人类的意识和思维让人类有别于其他灵长目动物，正是这些回路、新神经连接为这种意识和思维的深度提供了解释。

如果两人的观点无误，那么脑容量的增加赋予人类的不仅是更多的神经元，还解放了大脑皮质相关区域的细胞，使之形成产生众多大脑特殊功能的崭新神经连接。正如科普作家卡尔·齐默所说："可能不是大量改变大脑精细结构的突变促成了大脑的形成。相反，神经元生长过程中一次简单的数目增长就可以把它们从进化的藩篱中解放出来，为促成人类思维创造机会。"[19] 况且，思维确实出现了，它创造了能产生语言、音乐、艺术、建筑和科学的文明。现在说我们已经了解上述和其他的人的构造的起源，可能还为时尚早。但我们不再需要像华莱士那样为原住民或"野蛮人"为何拥有非凡的能力而困惑。这些能力人人都有，这就是进化的结果，赋予了我们在生物界独一无二的大脑。

感知的修正

正如我们所了解的，尽管人类依靠思维来认识、体验和理解世界，但大脑是一个不完美的器官，它容易出错，容易受骗，还承载着过去进化中情感和认知上的负担。带着这样一个拼凑而来的工具，我们又怎能了解或确定任何事呢？

多年前在童子军的一次"生存"露营旅行中，我深刻意识到自己的认知系统缺陷。教练让我们在树林里坚持三天，这期间只带一把小刀、几根火柴和一块塑料防雨布。这个挑战并不意外，因为我们一直在进行这类训练。建造庇护所是一个简单活动。森林里到处都是枯木、岩石和藤蔓，我们只管把树枝捆绑在一起，在树枝之间穿插铺盖防雨布以遮风挡雨，棚屋很快便搭了起来。生起营火也很容易，我们本来可以用火柴，但队伍中有个钻木取火的高手，他不一会儿就生起火的本领赢得了大家的钦佩。食物是最难解决的问题。学校教我们的是如何烹调可食用的野生植物，但在第一天经历了吃树根、树叶和浆果之后，我们决定要寻找更能饱腹的东西。大本营设在一个湖的浅滩附近，我自告奋勇，试着刺一条在湖中游曳的鲇鱼。我打开折刀，把刀柄牢牢绑在一根小树枝上，做好了捕鱼的准备。

没等多久，一条硕大的鲇鱼在我眼前游过。我深吸了一口气，紧握着那支现做的"鱼叉"，径直向它刺去。虽然目标似乎准确无误，但其实相差甚远。准确来说，大约与实际目标差 10 厘米。又一条鱼游来，我起手再刺，又没刺着。后来又试了一次。直到最后一次，我把鱼叉向一条鱼刺去，偏了，刀尖插进了泥泞的湖底。就在此刻我知道自己为什么会失手了。我透过清澈的湖水看着鱼叉时，观察到它似乎在入水处会弯曲到某个角度。我从水中抽出鱼叉后，发觉这原来是个错觉，它还是那支笔直的鱼叉。事实上，这是空气和水之间折射率的不同导致的。所以鱼叉在空气与水的界面会弯曲，所以我刺不中鲇鱼，它们看起来在那儿，其实根本不在那儿。

小憩片刻，加上在饥肠辘辘的队友的大力鼓励下，我又试了一次。这次我瞄准了相对鱼更靠近双脚的地方，以弥补折射导致的错觉。经过几次令人烦躁的近距离失误后，最终刺出了干净利落的一

人类的本能

刀，然后再一刀，第三次就成功了！我告诉你，当你真的很饿的时候，没有什么比在明火上烤鲇鱼更美味的了。

当然，此番捕鱼是要搞清楚我的感官和知觉是如何欺骗我的，好让我将其纠正到足够露营同伴吃上一顿烤鱼。学习如何透过水面刺鱼是一个相当平常的"发现"，我对视错觉进行修正也再平常不过。几千年来，每个尝试用这种方法捕鱼的人都有过这样的发现。这也证明尽管我们的大脑有许多缺陷，它仍有能力自我纠正。

作为人类，我们一直在进行类似的视觉补偿。有时，它们就像我修正刺出鱼叉的动作一样微不足道，或者像觉得透过汽车侧视镜看到的物体比实际看起来更近一样。平日里，视觉补偿的机制更为复杂。进化让我们对高盐和高脂肪食物产生了强烈的渴望，这是一种危害健康的习惯，对富足社会中的人而言尤其如此。进化赋予我们一种导致物种繁殖的性冲动，同时也可能是致命冲突的根源。它给了我们一系列的社交信号——微笑、握手和抚慰性的语言，这些信号让我们能自在地与人交往，但也会被利用这些信号的人蒙在鼓里，拉入骗局。与进化塑造的大脑一起运作的艰难都反映在上述每种信号里。但是，如果一直思考精神系统的各类限制，我们就会动摇对自己的思想和感知的信心，到时不妨想想这一点。这些驱动力、冲动和情感是如何把我们引入歧途的，几乎每个人都对此了如指掌。没错，人脑是一个美中不足的工具。但更惊人的发现在《怪诞脑科学》等书中得到了很好的阐述，其实人脑完全有能力意识到自己的错误并加以纠正。

这并不是说每个人在任何时候都以完全合乎逻辑和理性的方式行事，也并不是说进化出来的大脑会自动纠正自己，也不意味着我们能理解由大脑的随意构造所导致的心理缺陷和误导，但这的确证明人类具备识别自身局限性的意识，并依靠察觉感知、情感和冲动来调整对现实的理解。这种能力是自然直接选择的结果，还是充当了一个"拱肩"，我们不得而知。但缺陷分析证明我们有克服它们的可能。在我看来，这就是人类这种动物与众不同的原因之一。

大脑像电脑一样吗？

过去几年，我读过许多文章，其中有些把大脑比作电脑，也有的称它就是一台电脑。这些说法都颇具挑衅性，更反映出神经科学日益增长的信心，因为它开始聚焦于大脑最基本层面的真正功能上。正如我们所了解的，如今完全有可能把一个神经元的工作原理，确切地说，可以把几个神经元的工作原理，与晶体管调节电流流动的方式相比较。晶体管是现代电脑中央处理器的关键元件，所以这种比较很有吸引力。当然，我们可以把这种比较当作一种比喻，并应指出计算机和动物大脑同时处理由电脉冲（或神经脉冲）形成的输入信号和输出信号的方式。然而，一些人坚称这不单是一个比喻，大脑实际上就是一台电脑，我们也应该将其理解为一台电脑。因此有人期望在未来的某个时候，我们也许能够将一个人的记忆、经历、能力和想法都下载到一个无生命的计算机系统中。无论从哪个角度看，那个系统、那台电脑都是一个活人的心智复制品。这必然是科幻小说的绝佳素材[20]，但这是现实的期望吗？更重要的是，如果大脑是一台电脑，它能告诉我们思想和人类思维的本质是什么吗？

心理学家罗伯特·爱泼斯坦为线上期刊《万古》（Aeon）撰写了一篇更尖锐的文章。[21] 他认为大脑并非电脑，并用一些简单的例子解释了原因。其中一个例子是，在一次课堂练习中，他让学生凭记忆画一张 1 美元的钞票。无疑，他收到的作品十分粗糙。大多数学生都没有把上面的乔治·华盛顿肖像画好，数字"1"却写了好几遍，有些人甚至还画了一些类似美国财政部印章的符号。这些货币相关作品中没有一张能够完美临摹原本。当然，所有学生都见过美钞无数遍了，却没有一个人能画出接近真钞的图案。另一方面，通过扫描或数码照片在电脑上"呈现"1美元钞票，其真实图像将永远存储在电脑中。一旦从内存中被"召回"并发送给打印机，即便人类凭大脑"记忆"画出的上等佳作，也会远远不如这一打印品。

爱泼斯坦认为，虽然我们活在计算机时代，但人脑处理或存储记忆的方式并不如自己以为的那般先进。无论我们见过多少次1美元的钞票，大脑中都没有一个地方存储着一张以像素构建的钞票图像。用他的话说，即使是最初始的数字计算机，也没有能存储在这样的"记忆缓存器"中的钞票"图样"。因此爱泼斯坦也写道，大脑"不处理信息，不检索知识，也不存储记忆"。他接着说，大脑不是电脑，把它比作电脑不仅错误，而且从根本上容易误导他人。我们应该继续进行大脑研究，而非将它当作电脑以致"被不必要的智力包袱拖累"。

许多人对爱泼斯坦的文章做出了回应，但我那位供职于滑铁卢大学计算机系的教授朋友杰弗里·沙利特（Jeffrey Shallit）[22]针对他的质疑给出了一个最有说服力的答案。沙利特表示，爱泼斯坦似乎对计算机的正规理论知之甚少，这些理论并不局限于如今常见的数字机器。沙利特援引艾伦·图灵在计算机方面的基础研究，指出大脑确实以自己的方式处理信息，查找记忆，创造视觉图像，根据特定的算法运作并输出。根据现代计算理论，这种主动性使大脑成为一台计算机。沙利特的论点总结如下：

人类可以处理信息（我们知道这一点，是因为人类可以完成整

数加法和乘法等基本任务），也可以存储信息（我们也知道这一点，是因为我可以记住自己的社会保险号和生日）。那些既存储又处理信息的东西叫作（听好了）计算机。[23]

　　毫无疑问，沙利特和爱泼斯坦文章的其他批评者是对的。据此，我们发现，"计算机"一词最初用来描述从事复杂数学计算的人类工作。计算机最初是为了使这些工作流程自动化而设计的，因此，假如存在能取代大脑的机器，若要认定这些人体"计算机"的大脑没有很好地适应其中的编设任务，则毫无依据。

　　看完爱泼斯坦这篇文章，我的反应更像是："告诉我你所说的'电脑'是什么意思，我就会告诉你大脑是不是电脑。"如果人们所说的"计算"是一个接受外部信息输入，按照一定规则进行处理，然后产生一个输出结果的系统，那么没错，大脑确实是一台"计算机"。但这个定义十分简易，所以尽管爱泼斯坦在理论上犯了错，但他和其他人都坚信大脑结构犹如计算机，我们总能从他们身上汲取经验。[24]

　　我们今天使用的计算机以二进制代码存储信息，依照与分立元件对应的开关位置，其内存中的每个元件要么是1，要么是0。其中央处理器按顺序执行指令，从内存中读取信息并将信息写入其中。即使一台计算机可能有许多这样的处理单元在一个大型并行系统中同时运作，每个单元中的操作流程也都有一次执行一个编码程序的命令。可以将新程序加载到系统硬件中以修改处理方式，也就是说整个系统、硬件、软件和处理算法都可以用二进制表示。

　　如果这确实是大脑的工作原理，那么它不仅在基本理论术语上可以被称为计算机，通过直接与数字计算机比较，也可以得出其是一台真正的计算机的结论。但事实并非如此。神经元是活细胞，不是固态电路，它们生长、死亡、变化并通过细胞膜上的离子流运作，这与电子在导线上的运动大不相同。更复杂的是，大脑中有大约 60% 的脑细胞不是神经元。它们被称为胶质细胞，人们曾经以为其作用只是充当神经元周围的绝缘体。然而，我们现在知道有一种常见胶质细胞——星形胶质细胞，可以调节突触的形成，对神经递质做出反应，重组神经回路，甚至在记忆的形成中发挥作用。小鼠大脑中的单个星形胶质细胞可以与其他细胞建立多达 2 亿次的连接，人类星形胶质细胞的神经连接程度可能更高。我们对这类多次连接的细节知之甚少，也不知道它们是如何调节对大脑功能至关重要的交互作用的。由于这些细胞和其他细胞相互作用，大脑能够重组，也确实重组了自己。其改变是经验使然，其行为不像数字计算机中界线明显的模块组件组合，更像是一个充满相互作用和竞争元素的集合体。所以，人脑并不是一台我们平日所知、与日常生活互动的电脑。

认识到这一点很重要，因为它影响到我们对自己的理解方式，以及我们是否认为自己只是一台以可预测、可编程的方式运行的机器，最终可能会被基于人类思维的非生命计算机模拟程序复制，甚至取代。

人脑，无论是你的还是我的，是否终有一天能以复制我们的记忆、思想、品格和个性的方式被上传到电脑上？神经学家肯尼思·D. 米勒（Kenneth D. Miller）在《纽约时报》上撰文指出，人脑在细胞神经连接、生化多样性、电活动及其细胞动态生理过程方面复杂得让人抓狂。[25] 他认为，要获得"上传"并重新创造人类思想的技术（如果有的话），还需"数千年甚至数百万年"的时间。就连马库斯也承认，尽管自己坚信大脑确实是一台电脑，"我们不太可能像许多神经学家所期盼的那样，将神经元和突触的语言与人类行为的多样性直接联系起来，因为大脑和行为之间的鸿沟实在太大了"。[26]

这并不意味着我们必须退回到用魔法或唯灵论去解释人类思维运作的阶段，许多把大脑比作电脑的提倡者似乎认为，求助于魔法或唯灵论是对思维和知觉做出解释的唯一选择。我们不用相信有灵魂栖居在机器里，但必须明白，今天硬件齐备、呈现出真实数字形式的计算机，却不是（也永远不会）适合人类大脑运行的那种模式。人类编写的代码算法可以用来作曲赋诗，虽然优雅且有用，却不能在其中找到真正的思想。应该说，我们称之为"生命"的这种物质形式突然出现，微妙脆弱，自给自足又能自我修正，所以真正的思想仍旧是生命难以捉摸的一种属性。

灵长目动物的思想

在几个竞选周期之前，一位领先的总统候选人试图向支持的民众保证，当涉及被称为进化论的"邪恶学说"时，他确实是站在他们一边的。为了尽量把这一点说清楚，同时又不疏远可能持不同看法的选民，他宣称："如果有人想相信自己是灵长目动物的后代，当然随时可以。"[27] 但他本人肯定不相信。我确信，很多生物学家和生物专业的学生都听过这场辩论，我不知道他们中有多少人会像我那样，听到这个荒谬的说法时不禁笑出声来。事实上，这位政治家自己就是灵长目动物，他的父母和孩子也是。尽管我怀疑他的许多支持者会为这个小小的"科学错误"而烦恼，但我们确实是灵长目动物，不管你喜不喜欢。

那么，作为灵长目动物，我们该如何看待自己呢？某种程度上，人脑是一个处处生疑的工具。甚至在我们察觉到景象和声音之前，大脑对它们的无意识处理就已经蒙蔽了感知。内心的需求和驱动力是进化的残留物，经常导致错误的决定和判断。甚至对于自己作为个体的感觉也可以解释为神经信息处理的产物，其不过是细胞膜上离子的快速流动而已。正如达尔文所问的那样，我们能相信这种头脑的信念吗？

如果不能呢？这就证明"思想"和"理智"只不过是我们用来描述一个虚构器官的生理功能的动听解释，这个器官和身体其他部位一样单纯由细胞组成。如果产生"意识"是大脑的功能，而大脑也只是一个器官，我们为什么会觉得它凭借思考的能力可以胜过其他组织，为什么会认为人脑能超越狼、蝙蝠或蠕虫的脑？为什么不把哲学、道德、美学和伦理统统剔除，只把它看作建立在自我幻想的沙丘上的一座座梦幻的城堡呢？对于自己的一无所知，为什么不感到绝望？

奇怪的是，这些理由最终致使人类对自然所下的结论（包括科学结论）一概失效。霍尔丹心想，如果我们不相信自己的大脑由原子组成，那么又怎能肯定原子的存在，因为这本身就是出自这样一个大脑的结论。这就是对大脑的特殊否定所产生的致命矛盾。然后我们必须转而想想积极的方面，也就是确实可以利用这些大脑来探索存在的现实。

有趣的是，同进化心理学的情况一样，那些想用脑科学"揭穿"思维真实或哲学价值的人对这个过程对他们活动所产生的影响存在盲点。如果人类的大脑确实无法判断何为真实可信，那它怎么能确切地知道这一点呢？稀奇的是，大脑能产生一种我们根本不动脑子的思想，并认为有必要把这种思想传播给别人，让他们认识到他们的思想也是幻觉。

道德也是如此，人们常把它视为自然选择的一种附带现象。除了社会福利事业和族群生存，现实中没有可以证明道德存在的依据。可以理解的是，那些持有并传播这一观点的人都渴望传递这样的信息：旧有文化和宗教体系的价值观和道德观不过是一种随意的建构，正如道金斯所言，宇宙无所谓善恶。但这群人传播这种观点，正是因为一种绝对的道德，他们让自己相信这样一条关于人类存在的信息是有效的、有积极价值的，却似乎从未意识到对真理价值的深刻道德感是他们努力背后的推动力。

事实上，人类在了解和详细记录大脑的局限性方面越发精确。无意识的信息处理有时可能会被模糊感知，矛盾的是，每当我们下意识地去认知这一事实时，往往会起到增强感知的作用。进化的历史可能操控着头脑中的快乐、焦虑和偏见，但跟其他生物不同，人类已经把这段历史挖掘出来。只有这样，我们现在才能与众不同，设计出能解开大脑谜团的方法。如果神经科学的发现表明大脑本身具有某种机械特性，那么我们应该知道能产生这些情感的创造性智慧正是来自这样的大脑。正如马库斯所说："我们可以战胜内心的克鲁机现象。"[28]

爱德华·威尔逊曾这么写道，我们确实对大脑进行过前所未有的探索，甚至深入"没有任何特定之处可以合理地假设藏有非物质的心灵"的程度。[29] 说大脑里有灵魂，也不过如此吧。但我们不该认为这样就能削弱人类思想的力量。

玛丽莲·罗宾逊说过，那些想将大脑比作"一团肉"，认为"心灵／灵魂不是精神"的人都没有抓住重点。她认为："如果复杂的生命是我们所谓的奇迹，很可能是这颗星球上独一无二的存在，那么'肉'在进化形式中也是一种奇迹。"[30]

如果说"肉"——这种由碳、氮和磷等原子组成的生物物质能够思考，不免令人费解。毕竟，碳原子会思考吗？氮原子懂得爱吗？氧气会生气吗？但是当氢原子变成生命体的一部分时，神奇的事情就会发生。构成我们基因一小部分的氢原子还活着吗？还是说我们的 DNA 本身是活的？生命如我们所知，是众多原子和分子的集合体。思维的形成大致相同，汇聚了数百万，不，应该是数十亿的神经元。但意识存在物理基础这一事实并不会降低或削弱逻辑的有效性、科学的实用性，或人类思想和成就的真实性。

在人类这个物种的进化过程中，地球能迎来生命这一点也许非比寻常，但只要地壳的物理条件和物质组成恰到好处，任何行星上最终都会出现生命。用已故天体物理学家卡尔·萨根喜欢说的一句话来说，人类不只由星尘构成。我们也是存在意识和知觉的宇宙的一部分。我们就是有自我意识的宇宙！这种意识的轨迹——自我意识的核心正是人类的大脑。

第六章

意识之流

借用哲学家戴维·查莫斯的话[1]：我的脑袋里正放映着一部电影，你的脑袋里也在放着。这是一部超高清的 3D 电影，配备环绕立体声，带有真实的气味，微风拂面，甚至可以感受到洒落在肌肤上的阳光。这部电影还有弹幕。我看着头顶的缕缕云雾，就想知道它们是层云还是卷云。我仰望头上一只翱翔的鸟，注意到它尾羽的一抹红，脑中便有一个声音低语道："是红尾鹰。"当我望向停在车道上的皮卡车时，那个声音会说："该换机油了。噢，还要买一些牛奶，记得在回去的路上买。"我从早到晚都沉浸在这部电影里，它在我的内心深处上映，同时也处于我的身体之外，因为这部电影不仅源于外部世界，于我而言，它就是外部世界。它真实到让我有时都忘了它是一部电影。说到这儿，我在描述的其实就是你我的意识。

很多哲学家，甚至一些生物学家都视这些"电影"为难题。他们将普通物质的性质简化为一系列毫无意义、缺乏价值的化学反应，否则这种性质就不能解释人类意识体验的力量和微妙之处。

他们进一步指出，进化是一种物理过程，这是他们基于对自然物质实存的理解而得出的论断。既然人类的一切都应该由进化来解答，那么意识问题本身就是进化问题。就此，一位著名的美国哲学家称："现代进化综论的自然观肯定是错误的。"真的吗？或者说是否有方法可以把意识理解为强调人类思想的意义和价值的进化的副产品？

我头脑中的电影

让我们从电影本身开始。现在我头脑中的电影里有很多绿色，那是因为我在我的后院写作，这是新英格兰一个美丽的春天早晨。我被青草和灌木丛包围着，当我凝视着附近的树林时，目之所及皆是绿色。那么我该如何向你描述我看到的"绿"呢？树叶初萌之时，它是那种明亮、水灵的嫩绿，让我看得脸上绽笑。我知道这种绿源于叶绿素，它是一种沿着复杂分子环构建的神奇色素，跟血红蛋白（血液中携氧的红色蛋白质）中的环状结构一样。叶绿素卟啉环的中心是一个镁原子，卟啉环中的单键和双键交替排列，能高效吸收光谱中蓝色和红色区域的光，而光谱中间的绿色波长没有被吸收。因此，美丽明亮的绿色春天才能在我的后院展现。

如果你身处后院，你也一定会认为我说得没错——树木的确是绿色的。但是你怎么确定你我看到的"绿色"一样？我觉得可以用某些辞藻来形容看到那种颜色时的感觉。我也许会说它"和煦诱人"或者"鲜活欢快"，但这样的词也可以形容其他颜色。我可以说树叶是绿色的，草叶是绿色的，甚至可以拿起蜡笔给你画一抹绿。"看，这就是绿色！"我能给你指出交通信号灯中的绿灯代表"通行"。尽管想方设法，但我真的不能确定你看到绿色时的感觉与我一样，我也不确定你的"电影"与我的相同。

向天生失明者描述对绿色的感知同样是一个挑战。我可以告诉他们哪个物体是绿色的，哪个是红色、蓝色或黄色的，但对从来没有见过这些颜色的人而言，"告诉"二字毫无意义。如果我转而描述对绿色的感觉，也会遭遇之前向你解释这种颜色一样的问题。试想绿色于你的感觉，就相当于红色于我的感觉。每棵树、每片叶子都会让我产生红色的感觉，但自打出生起你都会把这种感觉与"绿色"关联在一起。坦率地说，你我都无法用言语向对方传达看到这些颜色时的强烈的主观体验，在后文中我将详细介绍。

我的"绿色"电影从何而来？谁才是这部日常电影的导演和编剧？答案很简单：它们是神经系统的产物，这个系统管理着来自成千上万条神经的输入信号，像电影一样为我们呈现画面。我们可以随时随地在视觉屏幕上投放来自感官的信息，但这种意识不只是一个简单的信息观景台。跟照相机不同，我们可以极度关注某些事物而忽略其他（顾此失彼）。当我专注于把钉子钉进木板或解开密码锁这类困难的任务时，其他的景象和声音几乎都会在我的意识中消失无踪。我全神贯注地学了几周才学会如何用汽车标准变速器换挡和操控离合器，但现在我行驶在车流中很少会想到油门、离合器和变速杆的协调作用。即使我可以在任何时候直接、下意识地操控它们，这些动作都是自然而然的。

意识"电影"偶尔会出乎意料地上映。当我走进一个拥挤的房间，我会打量着找寻熟悉的面孔，特别是我以为有我认识的人在那里时。这个打量的动作表明我正下意识地激活记忆，向大脑发问：面前的面孔是否与这些记忆相配。如果成功匹配，我会走上前与他们打招呼。然而这种面部识别功能有时会自动开启，自动到让我尴尬的地步。几年前，我从一群人中摩肩接踵地走过，一张熟悉的脸突然映入眼帘。"你好，"我带着一脸认对人的喜悦微笑着说，"很高兴又见到你！"我才要伸出手打招呼，只见她敷衍地咧嘴一笑，然后很快转身离开。几分钟后，我才意识到我根本不认识那个人。我偶尔会收看一档电视节目，原来那个熟悉的"她"只是当中的一个小角色。我们素未谋面，但一看到她，我的人脸识别系统就启动了，仿佛一见如故。当然，她没料到一个完全陌生的人会表现出一副老熟人的样子。

我的想法和感受也是这部"电影"的一部分。我可以问自己晚餐想吃什么，在停车标志处右拐还是左拐，是否应该在下一场垒球比赛中挥棒。有些事总能给我带来快乐，让我全天保持好心情；有些事情却让我沮丧，影响我看待其他事物的方式，比如新闻中传来的噩耗，或者我本应完成但失败的任务。我喜欢乡村音乐和摇滚，不管是布鲁斯·斯普林斯汀还是艾伦·杰克逊的作品，能形成动听乐曲的吉他音符顺序总能让我露出笑容。我的情绪因时而变，或百无聊赖，或心潮澎湃；时而灰心丧气，时而极度好奇；时而欢欣雀跃，时而谨言慎行。这些情绪和感觉远远超出了感官信息处理和呈现的范畴，影响着我与世界及周围人的互动方式。它们是内心"我"的一部分，不仅在看我的"电影"，而且在控制我的身体，做出决策，意识到我是"电影"的一环。

这就是意识的现象。在头脑内发生的所有事情中，意识是一个尽人皆知的过程。体验是一件容易的事，因为意识本身就是体验。尽管如此，这仍然是最难解释的问题之一。

人类的本能

大脑的制片人

让我们假设一个显而易见的事实，那就是人类的意识是我们神经系统运作的产物，它与身体的其他部分和外部世界相互作用。换句话说，意识是最广泛意义上的一种生理功能。当然，这意味着意识，就像人类的其他特征一样，是进化的产物。所以，我们完全有理由提出这样一个问题：进化如何制造出这部在头脑中播放的电影？

所有人都以最直接、最亲密的途径体验意识，所以我们期望神经科学能详细解释意识的本质，并借由过去的进化点滴阐明其出现的原因。你若熟知有关意识的文献，就会知道事实并非如此。实际上，我们对意识的这般轻描淡写可能也是一个问题。

2016 年，《纽约时报》的科学作家乔治·约翰逊出席了在亚利桑那州图森市举行的世界意识科学大会。他在毫无关联的会议之间奔走，发现只有滔滔不绝的言论，鲜有启发：

> **即便在最粗犷率性的演讲中，也能感觉到人们渴求意识问题的答案，渴求一个有关人类为何物以及如何融入宇宙机制的全面描述。鉴于人们付出的诸多努力，要提供一个令人信服的目标（一个清晰到足以令人恍然大悟的解释）似乎仍然遥不可及。[2]**

近年来，以意识为话题的图书数量激增，有些人想厘清这个难以捉摸的过程，有些人则认为意识的神秘将永远超出我们的科学理解范畴。在此期间，出现了一种至少于我而言很有意思的说法，它认为人类所知的演化无法衍生出意识。哲学家托马斯·内格尔在 2012 年出版的书《心灵和宇宙：对唯物论的新达尔文主义自然观的诘问》中探讨了一番。[3] 内格尔是备受尊敬的科学哲学家，他充分指出意识仍旧是一个未解的科学难题。但生命科学领域未解的问题多如牛毛。对科学界而言，令人惊讶的是他把这些难题与进化，或起码与生物学家认为的进化变化机制一部分的自然概念建立联系的方式。内格尔说，如果"唯物论者"的科学不能做出解释，那么意识就是个谜团。

在美国和其他进化论学说因政治或宗教受到挑战的国家，有关所谓进化论"问题"的报道必然为学界所否认。但内格尔和其他学者，尤其是《模仿人类》(*Aping Mankind*) 一书的作者、内科医生雷蒙德·塔利斯（Raymond Tallis）提出了另一种质疑。内格尔和塔利斯都认为，基于物质的物理和化学对进化过程的解释不足以说明人类意识的存在。如果进化不能解释意识，那么一定有别的东西在起作用——是什么？

复杂难题

我在本章开头引用了查莫斯描述人脑意识的电影形象，他将意识问题划分为"简单"和"困难"两种。[4] 所谓的简单问题，是与感官体验及我们对它们的反应直接相关的问题，包括我们对光、声音、触感和气味等刺激做出反应的方式，还有我们在不同时间、地点集中注意力的方式，对视觉图像和声音的超前意识处理，对自己行为有意识的控制，以及睡眠和清醒之间的差异等都可归为简单问题。查莫斯称其"简单"，是因为解决这些问题的科学方法似乎都很明确。找到上述过程发生时被激活的神经通路，将它们与外部世界的意识联系起来，就会得到一套机械式的方法。查莫斯旋即指出，这些"简单"的问题没一个真的简单。他推断，在多数情况下可能需要花费至少一个

人类的本能

世纪才能破解。但他也认为，运用这些方法需要解释的只是与意识知觉有关的详细的神经机制。

斯坦尼斯拉斯·德阿纳（Stanislas Dehaene）和其同事在法国萨克雷的认知神经影像部门进行的一系列实验解决了其中一个简单问题。[5] 被邀请进行实验的志愿者面前的屏幕会闪现出两幅图，首先研究人员会让他们说出所见。第一幅图是一个数字，比如数字 6，但它停留 16 毫秒后就会消失，然后出现第二幅被称为"掩模"的图，图中有四个字母，在屏幕上的位置几乎与数字相同。掩模图停留了 250 毫秒，时间要长得多。结束后观看者需要说出他们所见，是否记得见过一个具体数字？如果记得，是哪个数字？

事实证明，第一幅和第二幅图之间的延迟是决定观看者是否自觉留意这个数字的关键。如果延迟少于 50 毫秒，多数人都不会留意这个数字，还会说根本没有看到第一张图。然而，如果数字图和字母掩模图之间的延迟超过 50 毫秒，大多数观看者都可以准确说出看到的数字，表明当时图片中的信息确实已经触及意识知觉。显然，第一幅图的视觉输入与意识知觉之间存在延时。如果第二幅图在第一幅之后迅速出现，后者就无法触及意识知觉。它的位置被第二幅图取代了，观看者却没有留意到。

接下来，研究人员试图通过分析实验时的大脑活动，进一步了解这些耐人寻味的结果。他们发现无论有无延时，第一幅图总是记录在大脑后部被称为视觉皮质的区域。他们专门记录了第一幅图出现后发生在这个区域的事件相关电位（ERP）。如果第一幅图和掩模图之间的延迟少于 50 毫秒，那么神经活动似乎仍会维持在视觉皮质，不会扩散到其他脑部区域。然而，一旦延迟增加到观看者能正确说出第一张图中数字的程度，神经活动就会蔓延开来。具体来说，与意识知觉和意识分析相关的大脑前额叶区域（包括额叶、顶叶和枕叶）记录了高水平的电活动。

德阿纳等人把这种活动称为"全面启动模式"（global ignition pattern），此间大量的神经元会产生动作电位，产生实验中记录的事件相关电位。德阿纳归纳道："显然，意识知觉最初只是一闪而过的小火花，后来蔓延全脑。信息处理过程雪崩似的出现，最终会驱使大脑众多区域同步活动，这表明意识知觉已经出现。"[6]

与此同时，其他实验室得出的结果也与之相似，前者证明了克里斯托夫·科赫（Christof Koch）和已故生物学家弗朗西斯·克里克所称的意识神经关联物。他们认为，意识产生于大脑皮质中大量神经元的同步放电。当感觉输入达到一定程度时，用德阿纳的比喻来说，就会产生电活动的"雪崩"，扩散到整个大脑皮质，并将多个知觉整合成一个自觉意识。两人认为这就是认知事物的方式，比如拿起一个咖啡杯，大脑会把不同部位对应大小、颜色、重量和质地的完全独立的神经输入融入一个对该物体的意识知觉，这样我们就能认出它是一个咖啡杯。

退一步说，尽管德阿纳等人的实验很复杂，但用来分析大脑活动的工具仍然非常粗糙，从任何有意义的感觉官能上都无法精确定位这些意识神经关联物。这些实验监测到的大脑活动的变化相当于涉及数千个甚至数百万个细胞的电振荡，研究人员将其记录为活动波，可以有效地将单个细胞众多各异的活动合并成一个整体。这些实验不能追溯闪现的图像和自觉意识之间的每一丝联系，只能模糊说明大脑的哪一部分参与了整个过程的某个阶段。研究人员非常清楚，我们需要的是可以说明细胞个体活动情况，并逐步关联脑部所有元素详细活动的精确工具。这就是为什么"简单"的问题一点也不简单。但是随着神经系统科学工具和技术日新月异，人们几乎每天都以此解决这个问题，我们对意识知觉物理本质的理解将越发深入。研究人员有充分理由相信其研究方向并未偏离轨道，更重要的是，他们有充分的理由相信这些问题的答案将以我们熟悉的科学术语呈现——原子、分子、化学反应、细胞膜、细胞、电位等。对此我无须存疑，剩下的问题是，这些工具是否永远无法探测意识之外的东西。这确实是个难题。

动物的意识体验

"变成一只蝙蝠是什么感觉？"这是内格尔在 1974 年的一篇同名经典文章中提出的问题。[7] 内格尔在文章中描述的意识"难题"比查莫斯创设的术语还要早几十年。他强调意识体验随处可见，在各类动物身上皆有发生："仅当生物体貌完备，而且感同身受，该生物才会产生意识。"你相信吗？这其实就是你的"电影"，就是你意识体验的主观性。为了进一步阐明观点，内格尔选取了一个与人类非常接近的物种为例，可以肯定的是它们是有意识体验的，但对世界的认识截然不同，我们几乎无法得知变成那种生物是何感受。这个绝佳的例子就是蝙蝠。

这种动物对世界的感知完全不同于人类，内格尔认为它们根本就是"外星生命"。我们是视觉动物，而蝙蝠是听觉动物，即使在黑夜中也能依靠回声快速定位。它们会连续发出尖锐的叫声，利用反射回耳朵的声波侦测物体的大小、形状、位置甚至质地。蝙蝠和人类的大脑都有听觉皮质，但它们的大脑有专门处理声音频谱和持续时长的区域，这意味着它们将大脑的更大部分用于分析物体回声中细微到毫秒的延时。它们还能通过辨别频率的变化确定物体正在靠近还是后退到远处。内格尔认为蝙蝠的声呐与人类的任何感觉都不一样，而且"我们没理由认为它们与我们所能体验或想象的东西有主观上的相似之处"。[8]

多年前我第一次读这篇文章时并不赞同，因为尽管人类不太擅长回声定位，但确实有能力做到。我有时会给学生做演示，在一个宽敞安静的房间里，我蒙住学生的双眼，让他们坐在离便携式黑板仅几米远的凳子上并转上几圈，他们转完后我要求他们指出黑板的方向。虽然被蒙住眼睛，但几乎每个学生都能给出准确答案，因为从旋转的凳子上发出声音后，从黑板反射的回声不同于空旷一侧反射的回声，我们的听觉系统都能灵敏地检测出这种差异。

尽管条件有限，但我们还是可以想象一下变成蝙蝠的感觉。尽管如此，内格尔的观点仍然站得住脚，因为作为一只蝙蝠，其行为不仅是精确的回声定位。要真正理解这一点，我们必须彻底改变自己，像《变形记》的主人公格里高尔·萨姆沙一样在某天早晨发现自己变成了一只大虫子。当然，我们无法变身，内格尔指出"人性的局限也许会永远把这种认识拒之门外"。尽管卡夫卡尽力想把读者的思绪塞进虫子的骨肉里，但由此看来内格尔的观点仍然有理有据。

神经科学的解释

从某种意义上说，内格尔这篇有关蝙蝠的文章论述了客观科学的一个非常现实的局限性。科学家想尽办法把个人观点从研究过程中抽离出来，客观地分析世界。这是科学事业的基础，对我们理解自然现象能起到重要作用。但意识则另当别论，因为它涉及了个人体验的主观层面。一个先天失明的人当然无法理解视觉为何物。尽管身体有缺陷，但失明者仍旧可以研究电磁辐射，了解哪些波长是可见的，哪些是不可见的，并对光与物质的相互作用进行准确描述。简而言之，盲人完全可以对光的本质形成完整的科学理解，但他们却无法产生看到白光、红光或绿光的"实际感觉"。无论单词、数字和公式多么精确，科学都无法复制感觉，因此盲人无法准确理解视力完好人群所体验的一切。我们无法感知紫外线，但很多动物都可以，包括一些种类的鸟，因此紫外线也许是一个更有说服力的例子。紫外线中的物体在它们眼里是什么颜色呢？ 9

失明这个显著的例子衍生出一个反例，或许能说明某些学者是如何解决这个难题的。假如你在四周漆黑的房间中闭上双眼，轻轻按压一只眼睛，可能会看见一点明显的闪光。如果看不见，也请别为了复制这种感觉而伤害到自己，但我保证它跟一切感觉一样"真实"。这种现象非常常见，甚至成为美国桂冠诗人詹姆斯·迪基（James Dickey）诗歌名篇"揉眼的孩子"（Eye Beaters）中的重要元素。它描写了一名到访儿童之家的陌生人，他发现一些失明的孩子被绑住了胳膊，这样他们就不能再揉搓眼睛了。孩子们想用这种方式感受视觉，所以才会不停揉眼，都到了快流血的地步了。正如迪基诗中所写："他们知晓应该看看 / 一名九岁的长发女孩 / 她的眼睛一次又一次，再一次散发出黝黑的光芒 / 在双臂被绑之前，她犹如一头猛兽。" 10

迪基丰富的想象力塑造了一种深刻而原始的渴望，穿越时空去想象一个古老而骚动的人类过往。这群揉眼的幼童拼命想理解周遭不能给他们带来的体验，他们脑海中就会浮现形形色色的遐想。陌生人结束此行，离开儿童之家，这次的邂逅让他深受触动，他认为必须构建起对这群孩子的认知，一种会永远改变他的认知。

通过对眼睛施压产生的光感向我们诉说了一些关于意识体验本质

的重要信息。感觉是物理事件。虽然没有一个光子能与那些孩子眼睛里的感光细胞接触，但仍然产生了光的感觉。眼睛突然受到压迫会引发神经反应，产生真正的光感。也就是说，尽管光的感觉与实际的可见光并无关联，但它的确是物理现象，并且可以通过物理手段产生。

想想这对体验的主观性意味着什么？当红光、蓝光或者绿光进入眼睛并照射到视网膜上的感光细胞，最终有可能确定哪条神经回路被激活。如果依靠实验可以找到一种触发相同细胞的途径，我们就能帮助盲人产生对这些颜色的感觉。实际上，这个过程会激活与颜色感知关联的意识的神经坐标。盲人也许能分辨红色和蓝色的区别，体验到视力正常的我们与这些颜色联系在一起的实际感觉。如果难处在于复制体验的主观性，那么这肯定是朝着答疑解惑迈出的摩拳擦掌的第一步。

谈到神经关联，在探索大脑回路方面最显著的成就之一就是空间识别领域。我们都清楚，每当进入一个全新的空间，都需要一段时间来确定自己的方位。试想这是你第一次踏足一个占地面积很大的大学校园，或者一个布局复杂、多楼层的商场，或者第一次来到陌生的城市。起初你并不能准确把握各商铺或建筑物的相对位置，但一段时间后就能获得一种方位感，从而明辨左右。你快速环顾四周就知道自己身在何处，而且能确定最快捷的路线轻易地来回穿梭。这一切是如何发生的？我们又怎么会对一个复杂的空间熟悉到能够识别自己在当中的位置？

2014 年，三位科学家解开了动物大脑辨别方位的机制，这项开创性的研究为他们赢得了诺贝尔生理学或医学奖。获奖人之一、供职于伦敦大学学院的约翰·奥基夫（John O'Keefe）数十年前发现，老鼠在进入熟悉的空间时，大脑中有一组细胞会活跃起来。在其大脑海马区域中植入电极后，奥基夫发现每个"位置细胞"都与现实世界的某些特定位置相关联。当老鼠走到某个地方，大脑对应的位置细胞就会发出电信号，仿佛在向其他脑部区域说："嘿，我们到了！"这一发现令人惊叹，但仍有一个重要的问题没有得到回答。位置细胞代表识别能力，老鼠能构建一幅帮助它从一处走到另一处的相对位置的心象地图，但研究人员无法解释其机制。

对这个问题做出回答的是挪威科学家夫妇爱德华·莫泽（Edward Moser）和梅 - 布里特·莫泽（May-Britt Moser），后来两人与奥基夫一同获得诺贝尔奖。他们的研究识别出大脑中的一组新的神经元——网格细胞。如果动物熟悉自己所在的空间，那么这些近乎以网格状排列的细胞就会形成二维的神经放电模式，沿着网格流动，随着动物在空间中的移动而变化。其实网格细胞里有一张展现所在空间的虚拟地图，放出的电流穿梭其中，单个细胞就是二维地图上的坐标。[11] 这是个惊人的发现，为我们提供了一个具体例子，说明大脑中的细胞如何组织起来产生一种特殊的意识体验——方位感。

位置细胞和网格细胞向我们展示了大脑是如何组织自身细胞来形成我们周围世界的神经表征的。神经科学工具日益先进，更多的发现肯定会随之而来，通过揭示大脑构建感知和体验的方式逐步解决这个难题。日积月累，似乎会有更多意识神经关联物被发现，意识体验的物理性最终将屈服于神经科学。

2016 年，加州大学伯克利分校的一个研究小组沿着这个思路绘制出一幅人脑的"语义图"（semantic map）。[12] 当被试听到某个故事中的特定词语时，小组利用功能性磁共振成像（fMRI）对大脑增加的血液进行成像来检测神经活动，从而通过确定大脑皮质的哪个区域被激活绘制了一幅"语义图"。他们发现，不仅特定的单词激活了大脑皮质的某些区域，而且不同被试大脑的相同区域被反复激活。有些区域对数字有反应，有些对社交词语有反应，还有些区域对涉及位置、形状、颜色等的词语表现活跃。功能性磁共振成像是一种低分辨率的工具，它不能揭示单个细胞的活动，不能跟踪神经冲动的传导，也不能揭示大脑不同区域之间的精确神经网络。但它确实为揭示大脑中负责语言加工的结构，即最为复杂的人类意识之一，提供了一种方法。

综合以上和其他研究的结果，我们有把握称这是神经科学可以解决的难题吗？重点取决于人们接受什么样的方法。如果说找到与自觉意识相关的意识神经关联物、神经通路、连接以及特定的反应就足矣，那我会说有把握！我可以想象在那个遥远的未来，当我看着厨房餐台，认出放在台面上的咖啡杯时，脑中将铺开一张巨大的高度细化的地图，展现出一个个跃然纸上的神经冲动和电位。我甚至可以想象在更遥远的未来，当我看着那个杯子，知道把新鲜咖啡倒进去之前需要清洗一番，一张更大的回路地图将被激活。不管以何种标准来衡量，这两种"想象"都是真正的难题，而且我认为当意识的神经关联被充分映射出来时，这两个问题都将迎刃而解。[13]

然而，对部分神经科学家以及众多哲学家而言，这些进步即便最终得以实现，也不是解决上述难题的真正方法。神经科学无法解释看见杯子时主观、高度个人化的体验，当然也无法解释是否需要清洗杯子的判断。即使能非常详细地描绘意识产生的回路，也说不清走进厨房、看见杯子并意识到使用前需要洗净的感觉。意识神经关联物或许能回答对一杯咖啡的需求感是如何产生的，却填补不了具体感觉的空白，就像它们无法说清变成一只蝙蝠是什么感觉。如果我们如此定义这个难题，那么我不确定解题之法是否超出了神经科学的范畴。

人类的本能

并行不悖

内格尔在《心灵和宇宙》中指出，我们无法通过进化论获得对意识的准确理解，或者用他的话说，我们无法在关于自然世界的"新达尔文主义观点"中找到意识答案。这句话让第一次读到此书的我略感惊讶：意识当然是神经科学面临的难题，为什么偏要挑进化论的毛病呢？

根据他的说法，原因在于进化论希望在物理定律的基础上解释一切。他在书中写道，进化论其实就是一种基于物理学便足以解释整个自然的简化论。由于意识似乎超出了物理解释的范畴，所以进化确实存在问题。内格尔说：

> 物理学的资源是广义自然主义的唯一依据，而意识就是其最大的障碍。只要意识存在，无论对宇宙的物理描述多丰富、多翔实，似乎也只是真理之海的一粟，假如物理和化学能解释所有，那自然秩序也远没有我们所想的死板。[14]

内格尔已经充分论证了个人意识的主观体验至少在目前是科学无法触及的领域，这一点我们已经看到。对此我不存疑，但让我困惑的是他坚持认为，如果自然秩序只基于物理和化学，它将是"过于朴素的"。兴许他对这两类学科的态度比我更悲观，但两者对日落的壮美、彩虹的斑斓、雪花的复杂，以及日食突如其来而骇人的美都提供了全面的解释。事实上，从太空俯瞰所见的我们所处星球的诱人壮丽，是碳、氮、氧和水反复循环的产物。如果这也叫"朴素"，那么不妨多呈现一些。

尽管人们对这个问题依旧相持不下，但内格尔并非唯一一个坚称意识给自然物质观带来问题的人。身兼医生、哲学家和作家的塔利斯在其《模仿人类》[15]（比《心灵和宇宙》早两年出版）一书中也有类似的观点。神经科学在用进化解释意识时发现了两大问题。第一个问题是，包括意识在内的心理活动如何建立在物质基础上这点缺乏诠释。他说，"事实上没有任何物质理论能回答为何某些物质实体（比如人类）会有意识，而某些没有"，因为进化"必须以物质为始，某程度上以心灵为终"，它存在"包含所有意识类型的问题"。[16] 这类似于内格尔的新达尔文主义自然观不能解释意识的说法。

第二个问题与内格尔对进化过程本身的怀疑不谋而合。内格尔对很多学者所称的"出于个人怀疑的论证"抒发己见，他问道："因身体上的意外导致一系列显著突变的可能性有多大，才足以让自然选择产生真正存在的生物体？"[17] 答案如生物学家 H. 艾伦·奥尔（H. Allen Orr）对内格尔的著作所做的评论："对此没有太多讨论的余地。"[18] 但奥尔认为内格尔的怀疑只是"直觉使然"，塔利斯的反对意见则更为具体。依他所见，复杂意识在逐步进化的早期阶段并不具备适应性，也就是说，它们不会产生自然选择本可以发挥作用的优势。

我认为塔利斯的看法也没有太多讨论的余地，因为他落入了一个理论陷阱——竟然要求人类智慧的每个方面，包括"创造艺术或著书立说"等，都要"直接或间接牵涉如今或过去的某个时间的生存情况"。[19] 这正是华莱士所关心的，进化的"拱肩"很好地解答了这个问题。无论是什么力量导致人类的脑容量和复杂性急剧增加，都会产生一种不仅针对单纯生存的精神工具。我们无须寻找一种古老的生存优势来直接或间接地说明人类为什么有能力解答线性代数问题、画出蒙娜丽莎或者向月球发射火箭。只要进化产生了我们现在所拥有的大脑，它们就有能力完成这些壮举，以及更多有待想象的成就。

塔利斯继续提出对意识进化的反驳，更让我觉得似是而非。他想知道"为何进化会放弃那些不能刻意行事和做出判断的物种"[20]。他认为意识尤其在其发展的早期阶段是一种会降低有机体对生存挑战做出反应的负担。谈及那些可能有助于躲避捕食者、应对极端环境以及与其他个体竞争的行为时，塔利斯认为无意识的、"更具协调性的机制"更适合物种生存。他忽略的是，这个经过精心调节的自动反应机制尽管在某些极其特别的情况下可能更有用，但显然缺少了与意识并行的灵活性。从进化的角度看，预先设定好的行为非常脆弱，不太能适应新的情况和不断变化的环境。包括人类在内的许多动物所表现出的有意识的深思熟虑的行为，不仅有助于适应千变万化的周遭环境，而且能有效管理从环境中收集的大量感官信息。试想你在繁忙的车道上行驶，在车流中穿行，避开其他车辆，以及对意外情况做出应急反应时处理了多少信息。我们过往的进化当然没有达到能开车的程度，但有意识的灵活性和慎重的行为让几乎所有人都能习得这项技能。

内格尔和塔利斯都急于证实人类意识不仅是一种原始的生存机制，但两人似乎都落入了超适应主义的窠臼。也就是说，生物所具有的每种特性都必然受自然选择的青睐。所以，如果进化并未选择意识，那么意识一定是由某种非进化途径产生。因此，进化论不能完全解释人性。

这就是内格尔和塔利斯试图保留人类这种动物独特性的逻辑，这就是他们认为人类思维和理性能超越进化起源的观点。两人都渴望捍卫人类心智的完整性，以抵御进化心理学中常见的、因过度理论化对思想和行为的肤浅解释。此番努力的出发点虽好，但没有必要。

不过这两位科学家都承认，人类的动物近亲皆有意识，只在于发展程度的强弱，这是任何进化史都具备的标志性特征之一。塔利斯写道："……高级灵长目动物的自我意识正逐步接近从偶发转变为持续的临界状态。"[21] 当然，如果自我意识确实是一种进化而来的特征，那么这正是人们所期待的。我们在其他动物身上看到了意识的萌芽，而在自己身上目睹了意识最成熟的发展状态。

值得注意的是，那些批判以进化解释心智和意识的人并没有找到另一种理论加以佐证。有人可能会忍不住问，如果进化不是答案，什么才是？内格尔和塔利斯都不从事实验研究，所以他们肯定会说自己没有建立理论的责任。相反，他们需要扮演神经科学领域的局外人，指出其缺陷与误解。这一点说得过去，但我感觉到他们真正关心的不是进化过程本身，甚至不染指科学唯物主义。他们担心神经科学和进化心理学的理论会贬低人脑，说它只是在充斥着物质、能量和变化的虚无世界里的一团由原子和分子拼凑而成的集合。然而两人指出，这样的结论忽视了推演的科学过程，实际上反而破坏了其可靠性。所以肯定有别的方法来解决这个问题，确实有，但它并不与人类的进化本质相悖，而是一次更趋全面的认识。

心智要务

围绕解释意识甚至承认意识含义的各种尝试产生的困惑，我在前文早有提及。这种不确定性仍然存在，我们没理由自欺，说它不存在。所有人都有关于意识的体验，但在对此缺乏完整解释的情况下，我们该如何继续呢？承认意识的基础是大脑，或许是一个不错的出发点。

像所有处于我这个年纪的人一样，这些年来，我失去了身体的某些部分，甚至整个器官。我的扁桃体、阑尾和右膝的大半已摘除，但我的意识依然坚守阵地，毫发无伤。当然，如果我缺了一个肾、一个肺或者一条腿，意识同样无恙，但大脑的病变、损伤或死亡就是另一回事了。没有了大脑，确切地说是没有了部分大脑，人就会丧失意识。意识之于大脑的不同，正如视力之于双眼的不同，但意识作为大脑的一种主要功能，必然依存于大脑。[22] 大脑即意识之所在。

所以说，我们凭什么断言必须在物理和化学定律以外的其他事物中找到意识的成因？塔利斯写道，如果你认为大脑是"……意识之所在，你得为这个小东西赋予其他物质所不具备的特质"。[23] 他和内格尔字里行间的表达，似乎都希望意识获得某种特性，某种不同于我们通常认为的很重要的特性。也许这个希望不假，但如果两人严谨待之，就该问物理和化学在哪里失败了。大脑和身体其他部位是否存在违背物理定律的地方？是否有这样一些地方：电子电荷由负变正；离子不依浓度梯度流动，而是逆向而行；能量不再守恒，热力学定律也遭违背？

这样的地方当然不存在，所以在神经科学领域，学者对意识违背我们如今对自然界的科学认识这种说法无动于衷。令人吃惊的是，即便像内格尔这样批判运用唯物法的人时而也会对意识相关事件的物理现实做出耐人寻味的让步：

> 至今所知，包括主观体验等在内的人类精神生活以及其他生物的精神生活都与我们大脑中的物理活动密切相关，也可能严格依存于身体与其他物质世界之间的物理互动。[24]

相比内格尔这番言辞，我不确定自己能否想出更简明的语言来阐明精神对身体的依赖。除此之外，还有更多方面需要考虑。无论我们如何完全说服自己相信思想的物理本质，都会面临一个真正的难题：为何某些物质的集合和分组能进行心理活动，甚至出现意识，某些则不能呢？这个哲学问题成了这些进化神经科学批判者的强心针。同时这也是一个科学问题，触及了我们一直想了解的人类体验内核。

其中一种解法可能是思考生命的本真。一个活细胞不断与它周围的环境进行交流，它吸收原子、排除他物，同时利用来自食物或阳光的能量，在分解旧分子的同时构建新分子。植物吸收二氧化碳，利用太阳能将其中的碳原子"固定"在一起形成碳水化合物。动物吸入氧气，以"氧化"同种类的碳水化合物，并以二氧化碳的形式呼出碳原子。[25] 这些碳水化合物与蛋白质、脂类和核酸等化合物一样，都是组成活细胞的主要成分。所以当分析一个活细胞时，我们会认为是这些分子及细胞膜内的其他分子的共同作用形成了这些特性。对此类分子及其作用的研究是生物学和生物化学最重要的分支之一。

上述内容把我们引向一个基本问题，它比我们起初所见的表象更复杂。碳原子有生命吗？生命当然是以生物化学为基础的，一个碳原子进入活细胞，存在于 DNA 分子或感光蛋白中，其至少是活细胞物质的一部分。这是否意味着一个无生命的碳原子进入细胞，与其物质融为一体时会发生彻底改变？根据目前最强大的物理和化学技术的探索所知，答案是不会。当原子和分子成为活细胞的一部分时，它们的特性不会有任何变化，而这些细胞中发生的化学反应与细胞外的非生物世界中所发生的遵循相同的原则。但只要仔细观察岩石和草叶之间的区别，就会发现有生命的那一方体内的物质有明显的不同。这种差异从何而来？如果原子被组织成越来越复杂的分组，我们能否利用物

　　　　　　　　　　　　　　　人类的本能

理学的基本原理预测它们的行为？

物理学家布赖恩·皮帕德（Brian Pippard）认为这在意识层面是不可能的："即使是一个拥有无限计算能力的理论物理学家，也一定不可能从物理定律中推断出某个复杂结构能意识到它自己的存在。"[26]就像满怀赞许地援引这句话的塔利斯一样，我也认同其说法。但我会分析得更深入，就算是理论物理学家也不可能推断出复杂结构会以活细胞的形式和性质出现。我和皮帕德并不是说细胞或意识违背了物理定律。相反，它们具有更高层次的组织模式，这些定律虽然构成了基础，却不能给出一个完整的解释。

如果情况颠倒——更高层次的原子、化学结构的性质完全可以从物理学中派生而来，那么我们就不需要有机化学这样的学科了。比如，工业化学家合成一种新的化合物后，就不需要根据颜色、熔点、反应性、光学活性等来确定其性质，因为完全可以靠物理和化学定律得出精确的结果。事实上，化学家对这些性质往往只有一个粗略的概念，这种物理测量是分析新化合物所必需的环节。而在研究体积更大、结构更复杂的分子的生物化学和分子生物学领域，道理也是一样的。无论物理定律多么有用，完全用它说话是不可能的，因此我们必须从本质到现象地研究这些更复杂的物质构造，而不是颠倒过来。从某种意义上说，这就是生物学不同于物理学的原因。

因此，生命是一种不同于其自身组成部分的物理性质的现象。即使在最简单的细胞中，生命的独特性质也是成千上万种不同分子共同作用和相互作用的结果。难怪单凭物理学来描述生命仍显苍白！原子本身并无生命，但是当原子在一个活细胞内与其他无数原子相互作用时，随即便产生了我们称之为生命的非凡过程。我认为，对于更为不凡、更高层次的意识而言也是如此。

意识演进

哲学家柯林·麦金（Colin McGinn）对意识的科学解释丧失了信心，他写道："我们对大脑探寻得越多，它就越不像一个创造意识的载体。"[27] 但是一个能创造意识的装置应该长什么样？它内设一个小影院、一座由规则和过往经验构建的图书馆、一个以决策可能性或诸如此类的东西划分开来的转轮？既然我们不知道创造意识的"装置"的样貌，为何又在意它有什么特定的形状或结构呢？

我反而会建议分析生物体构成的方式。像人类这样的复杂生物由细胞组成，一般人体内的细胞数量达 70 万亿个。其中有些细胞是孤立的，如生长在陷窝（字面意思为"洞穴"）中、被自己的分泌物包围的软骨细胞；有些如沿肠道分布的上皮细胞，它们与邻近的细胞相互作用，形成可以将体内隔间封闭起来的紧密屏障。例如，肌肉细胞充满了可收缩的纤维，被捆绑成工作群（即肌肉本身），等待传来收缩和产生运动的信号，整个过程快速而稳定。在上述情况中，细胞的结构和组织形式都提供了有关其功能的线索。所以，能够创造意识的细胞器官的外形到底是什么样的？如果说它是一个由 860 亿个细胞组成的高度连接、超级活跃的细胞束，同时具备高效的感官输入和运动输出功能，有可能吗？要是如此，它的结构肯定与人脑相匹配。

当然，更关键的是意识如何从这些细胞中产生。神经科学也许能够识别出真正与意识相关的细胞，即意识神经关联物，但这些细胞与那些我们认为没有意识的神经元又有何不同？或者说，是什么特殊的属性让某些形式的物质具有意识，其他形式的物质却没有？解决难题的第一步是要认识到，意识本身既不是分子也不是细胞的"属性"，就像我刚才吃下去的那块糖里的碳原子，生命也并非这些碳原子的一种属性。物质本身不会活起来，相反，某些物质的组合在我们称之为生命的自我维持过程中能产生变化莫测的复杂性。意识同样不是物质，甚至不是单个细胞的属性。某程度上意识类似于生命本身，是由大脑内高度活跃的细胞和相关神经组织之间极其复杂的相互作用所产生的过程。所以意识是物质使然，而非物质本身。

这种见解并不能说明人类意识的由来，就像我们知道自身由同样的化学物质构成，但它们并不能解释生命一样。但这句话确实道出了找寻答案的方向，它叮嘱我们要继续工作，不断从这个产生意识、布满神经连接的广袤"丛林"中发掘出一个又一个秘密。它告诉我们，如果我们能找到答案，那一定和生命本身一样建立在一个奇迹之上——普通物质能在活细胞中运作。

为何有些神经元（及其相关的细胞）似乎能产生意识，有些却不能？如果所有动作电位（神经冲动）都相差无几，为何其中有些能产生听觉感知，有些能产生嗅觉感知，有些能产生视觉感知？为何有些大脑能拥有清醒的自我意识，有些却难以成形？可能还有人问，有些手机电磁频谱区的数据流中带有语音对话，一些带有文本，一些带有图片信息，还有些携带着编码指令，能够对接收这些信号的设备进行重新编程，那么为何这些数据流看起来几乎都一样？这种多元性是如何从单一的电磁辐射流中诞生的？答案在于接收设备的结构，它以全然不同的方式对每类数据进行检测、解码和呈现。工程师和程序员可以对蜂窝数据流的这些细节进行解释。在不久之后，神经科学家也能对神经活动做许多同样的事情。

但塔利斯认为这种未来不可能实现，这种寄望被他贴上了"神经狂热"的标签。所谓神经狂热，就是"通过最新的科学研究揭露大脑对解释人类行为的吸引力"。[28] 他以视力为例，指出虽然看见黄色的体验是光谱中某一特定区域（波长约为 570 纳米）的辐射触发的，但"黄色"的感觉与辐射本身并不相同。所以人们无法从神经科学的角度解释这种感觉，因为还有其他刺激（冷热、触觉、蓝色等）触发的同类离子流和电位变化参与其中。所以无论对看见黄色的神经通路研究得如何深入，都无法完全解释看见黄色与看见红色或闻到玫瑰花香的感觉有何不同。

就主观的内在体验而言，上述论点确实言之有理，但塔利斯的反驳忽略了一个事实：神经系统对刺激的反应是通过制造那些刺激的表征来实现的，而且只在活细胞中出现。在大脑中，这些刺激分别是神经冲动、离子流的快速变化，以及细胞神经连接的持续改变。想象一下，融入一张多维地图中的网格细胞，是"现实"世界中一个复杂空间的神经表征。这并不是说明一个细微的网格细胞簇与它所呈现的现实世界并不相同。但这些细胞的发现向我们展示了大脑如何构建这样一个空间的功能性细胞表征，更解释了神经元如何产生方位感来帮助我们在现实世界中导航。类似的研究必定会把大脑呈现"黄色""蓝色"，或大脑呈现高频声音的机制——展露出来。我也许不知道你对黄色的内在感知是否如我所感，但我们肯定能把产生这些内在感知的化学和细胞相关过程调查清楚。

近年的研究确实已展现大脑如何处理一种比颜色、面部识别复杂得多的感知。包括人类在内的灵长目动物都特别擅长辨别面部，有先例表明这种能力似乎集中在大脑的下颞皮质区域。加州理工学院的两名研究员常乐和曹颖在向猕猴展示一系列电脑生成的人脸时，监测到这一区域内单个"面部识别细胞"的活动。他们的数据显示，要识别出特定的人脸只需要启动 200 个这样的细胞。[29] 此外，每个面部识别细胞都能对面部尺寸的特定组合做出反应，而研究人员可以通过改变每张脸的某个特征来确定这些组合，然后确定哪些细胞改变了它们的放电模式。最终甚至能预测对应个体面孔的神经放电模式，实际上，他们也能够读懂面孔的神经代码。曹颖博士在评价其研究时指出，许多研究员已经开始思考一个问题：大脑可能是一个"黑匣子"，它也许无法了解感知的实际机制。"我们的论文给出了一个反例，"她说，"我们以视觉系统中发育最成熟的神经元为记录素材，发现里面没有黑匣子。通过大脑观测所得，我敢说这个结果千真万确。"[30] 我也会下同样的论断。包含感知和意识的大脑活动都以其细胞成分的运作为前提，并且能单纯用科学术语来解释。那么，学界所说的意识对进化提出的两大问题到底是什么？

第一个问题是意识需要一个超越对自然现有认知（现代进化综论）的解释，也就是要超越如今普遍认可的物理和化学领域。虽然这层蒙在人脑运作机制上的神秘面纱才刚刚被揭开，但有一点确凿无疑：在大脑中找不到一丝与我们对自然过程的认知相矛盾或相违背的迹象。从各方面来说，内格尔认为当下的科学还无法迎接解释意识的挑战，这一观点与几十年前关于遗传学的观点相呼应。在 20 世纪 40 年代早期，著名物理学家薛定谔在一系列讲座中提出了生物信息问题，并在之后出版成书——《生命是什么》。[31] 薛定谔不相信生物学能够解释遗传的基本单位——基因，他写道："要解释基因的分子本质，就需要我们在理解自然方面取得根本性的进展。"明确地说，薛定谔预测未来可能需要"迄今未知的其他物理定律"解决这个问题，而科学必须向这样一种可能性敞开大门。

平心而论，今天从事神经生物学研究的批判者发现，科学对物理原理的依赖存在根本缺陷。但薛定谔与之不同，他在书中写道，这些所谓的其他定律"一旦被发现，就会如生物学那样成为物理学不可或缺的一部分"。[32] 那么薛定谔又预言了什么？二战后崛起的一代科学家，包括发现 DNA 双螺旋结构的詹姆斯·杜威·沃森，受其启发对 DNA 进行识别和特征描绘，DNA 如今才以含有基因的分子的身份为世人所知。可以肯定地说，DNA 分子中没有"新"的物理定律。相反，它具备的是一种出人意料的结构和功能水平，使 DNA 能够以一种在发现双螺旋结构之前的物理和化学都无法预料或预测的方式，为编码和复制的多种功能服务。在发现双螺旋结构之后，物理学本身仍然毫无改变，变的是我们对物质的物理和化学的可能性的认识，思想和意识的物理和化学也是如此。

第二个问题是：进化过程可能产生像人类这样的生物，就此而言，也可能产生像蝙蝠、海豚和猩猩那样的生物，它们都有能力进行主观的意识体验。在我看来，这是一种特别无力的反驳。正如尼克·莱恩在他的著作《生命的跃升：40 亿年演化史上的十大发明》中所写："如果思维并非进化的产物，那么它到底是什么？"[33] 是否有其他神秘的力量产生了有意识的头脑？对此，我们已经回顾了许多记录人类物种进化起源的证据。同样的证据也适用于大多数我们认为有意识的物种，但塔利斯和内格尔等学者并没有对此提出疑问。同样清楚的是，正如我们前文所见，在人类出现的过程中，脑容量和其复杂性急剧增加，有可能迫使大脑皮质内与清醒的自我意识相关的关键神经连接发生大规模重连。

塔利斯和内格尔等人认为，意识是进化的产物这个真正的难题与实际的进化进程没多大关系，他们又没有其他解决办法。他们认为侧重于让人类退化、失去人性的进化思维令人无所适从。内格尔明确了这一点，他是一个"道德现实主义者"，不明白功利主义、以生存为本的"达尔文主义"对人类道德感的解释如何能与这种认识相容。内

人类的本能

格尔说："尽管学术界对达尔文主义的共识对其有利，但既然道德现实主义真有其义，那么达尔文主义关于道德判断背后的动机的论述就一定是错误的。"[34] 内格尔没有考虑到另一种观点：进化可能已经产生了一种能够发现他所说的真实和客观的道德价值的心智，正如它以往创造的那个能在科学、数学甚至艺术中发现真理的头脑一样。总之，他落入了适应主义的陷阱，把进化产生的一切都归结为只是为了生存而存在，仅此而已。我认为整个人类历史所呈现的并非如此。

塔利斯没有用道德现实主义本身作为例子，但在《模仿人类》的开篇，他提出神经科学和进化论——"人类最伟大的两项智力成果"，被用来"支撑一幅充满错漏、堕落衰败的人性图景"。[35] 另一位作家约翰·格雷在他广受好评的著作《稻草狗：进步只是一个神话》中同样认为，人类这种动物并不独特，并非与众不同，更非天生崇高。塔利斯受其影响，跟内格尔一样都认为，用"达尔文主义"解释人类意识（包括物理意识或细胞意识）显得咄咄逼人。鉴于这些忧虑，他将大脑活动（离子和电荷的流动）与意识等同的尝试都轻描淡写。他认为意识心智的运作是在抵触纯粹的物理解释，他在书中说他无法否认眼前的事实，"说白了，我们与其他动物不同，我们不仅仅是物质的碎片"。[36]

就上述观点而言，塔利斯所言千真万确。我们不是物质的碎片，当然也不同于其他动物。但在匆忙提出这些挑剔的观点时，他其实既贬低了产生这些差异的过程（即进化），也贬低了人类为何远不仅仅是物质碎片的物理基础（神经生物学）。我的观点与他的一致，认为所有反对人类这种动物享有特殊地位的实际上是人类自己。其他生物不会提出这样的论点，甚至一开始就缺乏提出问题的能力。仅此一点就足以说明人类与众不同。

有人抱怨说，脑科学仅仅提供关于神经连接、离子流和动作电位的平淡无奇的解释，没有实际意义。认为膜电位和离子流的基本语言不能解释意识，仿佛在说在一个线性序列中只用25或30个符号串在一起不能解读莎士比亚的戏剧和诗歌，或者由于以大量普通的颜料装饰，就认为颜料在画布上的平铺不能在最深层意义上直击心灵。繁从简来的观念其实是自然界和生活中反复出现的主题。音乐源于声音，文学源于文字，生物体源于细胞，等等。神经冲动本身就像一个音符、一个字母或一个细胞，仅凭自己无法体现或表示现实的深度，但联合起来，它们便构成了一幅与世界一样富有细微差别和意义的织锦。

　　许多哲学界人士表示，意识思维和体验必定从根本上超出科学所提供的物质解释的范畴这一说法显然有误，并不是因为他们夸大了意识的神奇功能，而是因为他们低估了物质世界的能力。哲学家盖伦·斯特劳森（Galen Strawson）曾指出："……我们认为自己对物质的本质有足够的了解，即意识体验不会是物化的。其实存在问题，很多人都犯了这个错……不是难在意识是什么，而是物质是什么——物理是什么。"[37]

　　讽刺的是，对那些认为意识不可能进化的人来说，神经冲动的编码系统与真实世界之间的联系实际上就是进化而来的。尼克·莱恩说："感觉之所以真实，是因为其有真实的意义，即在选择的严酷考验中获得的意义，来自真实生活和真实死亡的意义。感觉实际上是一种神经代码，也是经历数百万甚至数十亿代才形成的充满活力、意义丰富的代码。"[38]

　　我们不必担心人类作为进化生物的地位会贬低意识体验的真实性，把人类的思维和逻辑降格为原子和分子的无意义运动，或使人类

　　　　　　　　　　　　　　　　　　　　　　　　人类的本能

艺术和文化的伟大成就变得毫无意义。我们当然不需要什么神秘力量,也能在人类思维的运作中找到真正的人性。进化无疑塑造了有意识的自我,且塑造得如此显著突出。它赋予了敏锐的感知,让我们不仅认识了周围环境,也认识了自己。它赋予我们有意识地寻求理解内心生活的动力和这样做的工具。

第七章

我，机器人

饮料选咖啡还是茶？晚饭后我是看书，还是看会儿电视？今天上班是走高速，还是走小路？人类没有一天是不做选择的，事实上，我们没有一分钟是毫无觉知的。大多数选择平平无奇，后果微乎其微，但有些影响深远，比如在选举中的投票、选择与哪位共结连理、要不要孩子、是否服从警察的指令。我们可以对艺术、音乐和政治进行推理、得出结论、形成观点。无论如何，我们是由自己做出的选择、引导我们思想的价值观，以及这些选择左右自己和他人生活的方式造就的。

如果有人告诉你，你的一生中其实并没有做出真正的选择，你有什么感觉？如果你发现自己所说的每个字、所迈的每一步、信以为真的每个念头，其实都受制于种种超出你控制的力量，你又会有什么感受？如果你确实意识到这一点，你会怎么做？打破枷锁？还是终于明白甚至连"你是被编造出来的"这样的想法都超出你的控制，所以连这个结论也值得怀疑？而这就是有关自由意志，以及很多人都认同的进化所提出的重要命题。

罗伯特·赖特在其著作《道德动物》中称，"自由意志是进化给人类的幻觉"。他说那些值得称颂或受到谴责的事件"并不是非物质的'我'所做出的选择的结果，而是物理的必然性"。[1]这种"必然性"是赋予人类强大本能的进化过程与由物理和化学而非个人选择的力量控制的神经系统结合的产物。生物学家戴维·巴拉什（David Barash）认为："依我所见（我相信自己是凭意志写下这句话的），坚定不移的科学家在他的职业生涯中是不会有自由意志的。"[2]

巴拉什和赖特认为，接受进化的现实意味着自由意志概念的终结，但他们并非唯一的反对者。已故的康奈尔大学哲学教授威尔·普罗文（Will Provine）在一次颂扬查尔斯·达尔文成果的演讲中说，"自然进化下会出现达尔文了然于心的显著结果"，包括"不存在人类自由意志"。[3]剑桥大学哲学教授斯蒂芬·凯夫（Stephen Cave）指出，"科学已经在所有人类行为都可以通过有规律的因果定律来解释这一主张中稳步发展"，他将这种"感知的转变"追溯到达尔文的著作《物种起源》带来的"思想革命"。[4]凯夫还指出，在《物种起源》出版后，达尔文的堂弟弗朗西斯·高尔顿（Francis Galton）把进化理解为"我们选择命运的能力并不由己，而是取决于我们的生物遗传"。[5]

在1838年的一本笔记本中，年仅29岁的达尔文确实把自由意志比作一种"普遍的错觉"[6]，但他本人从未在任何出版的著作中直接提及。多年以后，在《人类的由来及性选择》中，他想到人类远古的进化本能以及社会传统中高尚规则之间的冲突，于是写下："在关键时刻，人类无疑倾向于追随更强烈的冲动；虽然这偶尔也能触动一

　　　　　　　　　　　　　　　　　　人类的本能

个人最高尚的那根心弦，但一般情况下他只会牺牲他人利益，成全自己。"[7]虽然这恰能说明我们的所思所想与我们应当作为的事情或须尽的义务间存在的冲突，但这并不是说人类没有自由意志。否定进化的人平常也会把自由意志挂在嘴边，很多人坚称，达尔文的世界观导致了很多糟糕的后果，失去自由只是其一。著名哲学家丹尼尔·丹尼特一直孜孜不倦地寻求人性进化的解释，他在《自由的进化》一书中承认："对自由意志的担忧是大多数反唯物主义，尤其是反现代进化综论思想背后的驱动力。"这些担忧是否有理有据？或者说能否在进化论的框架中解释自由意志？丹尼特认为可以，我也这么认为。

自由之说

我们的行为是否真的自由，这个问题早已不再新颖，类似的讨论起码要追溯到古希腊的斯多葛学派或更久远的时代。其实关于自由之说的争论已经持续了千百年，却迟迟没有进展，一位当代哲人认为这就是一桩"丑事"。[8]所以，如果你要一锤定音，那么最好另寻他处。然而，我们仍然可以问：人类的起源是否意味着自由意志的缺席，人类高度进化的神经系统的运作机制能否使自由意志成为可能。

即使所有人都认为自己拥有自由意志——假设阅读这一页的文字是你自己的选择，我们也必须考虑科学的一个基本原则，也就是一切皆有其因。比如潮起潮落，一定有其原因。风雨过后出现彩虹，挤奶女工从不会患天花，吸烟者比非吸烟者患肺癌的概率更大。这都是为什么？找寻原因，渴求解释就是科学的核心，因此我们也为人类的一切寻找原因。

如果人类思想和行为要用科学解释，那必定有原因，就连我们本能地认为可以自由做出决定这件事也有其理由。因此，提出一个反对自由意志的理由变得很容易，但几乎太容易了。正如英国作家塞缪尔·约翰逊认为的："所有理论都与意志的自由相对，它们都从经验出发。"[9] 我们觉得自己从起床的那一刻开始直到晚上睡觉都是自由的，我们对这种自由的体验是亲密、直接、个人的。英国哲学家约翰·洛克认为："我是自由的这个概念，比我对任何事物的认识都要清晰。"[10] 这句话不假。但这种看法本身也有理由吗？如果有，这种自由的感觉怎么会如梦如幻？所以说，如果没有其他原因，给出反对自由意志的理由要比给出支持的理由容易得多。

很多年前，我还在上高中的时候就已经懂得这个道理。当时英语老师组织了一次关于自由意志的辩论，让班上的同学选择正反方。几乎所有人都选择正方，而我坚持选择反方。当时是 20 世纪 60 年代，个人主义正如日中天，对方辩手马上援引了这种精神来论证他的观点。"我们都是独立的个体，"他说，"因此，每个人都有所不同，每个人都是独特的，都能为自己着想。没有自由意志办不成的事。"当时我认为他的这些观点都十分精彩，但很快便遭到我的反驳。

我们的教室位于学校的新楼，那年刚刚完工。我指了指新粉刷的墙，说："这里的每个楼群都与其他的不同，是否就能证明它们拥有自由意志？肯定不能，因为与众不同并不意味着自由。如果是这样的话，监狱里的每个囚犯都与你我一样自由，因为他们也不同。"对方辩手继续为自由意志做无用的抗争，他一味反驳，而我所要做的就是接二连三地指出其论点的破绽。我申辩道，既然人的每个行为都必须事出有因，就意味着我们的行为都是由某种原因导致的，那么意志就不可能是自由的。很难说这是一个令人开心的结论，却是一个容易得出的结论，再者，它助我获得了辩论的胜利。

　　　　　　　　　　　　　　　　　　　　人类的本能

意志的鬼魂

在 17 世纪伟大的数学家和哲学家笛卡儿看来，自由意志的现实再清楚不过。他认为意志的自由是"不言而喻"的，且"一定是我们与生俱来的第一个，也是最普遍的概念之一"。[12] 然而，笛卡儿也从机械论的角度看待过身体甚至大脑。他反复用这样的语言描述身体，称其为"一台由泥土制成的机器"[13]，说"没必要认为这台机器里蕴含着任何麻木不仁或者多愁善感的灵魂，也不会有其他活动和生命的法则"。[14] 然而，笛卡儿也认为机器不可能拥有自由意志，这是人类才有的基本特征。为了处理自由意志和身体机械性之间的明显矛盾，他需要找一个理性自我可以扎根的地方。为此，他选择了一个大脑底部靠近颅骨中心的微小结构——松果体。为何要以它为对象？也许是因为他想不出这个如今被视为内分泌系统一部分的小器官还有什么其他功能。[15] 然而，笛卡儿本人却为他赋予松果体的特殊角色提出了一个相当具体的解剖学原理。值得注意的是，他推测的前提是解剖学上对称性的怪异现象：

> 在我看来，这个腺体是灵魂的主要所在，也是我们所有思想形成的地方。我对此深信不疑，是因为除此之外再也找不到大脑中有其他任何部分不是成双成对的。因为我们有双目，只见一物，有双耳，只闻一声，想法也从来只有一个，由双眼或两耳等输入的印象，在经过灵魂思考之前会在身体的某些部分相互结合。如今除了松果体，纵观全脑都不可能找到这样的地方。[16]

笛卡儿在身体里寻找一个地方来容纳他认为"不言而喻"的自由

意志时，显然被松果体的高度单一的结构吸引，因为它与呈对称结构的感觉器官截然不同。我们的思想是单一的，所以单一的松果体必然是自由意志的载体，笛卡儿认为这是灵魂的本质。他把非物质的心灵和物质的身体定义为两种完全不同的事物，还需要确定一个两者交互的地方，这样心灵才能感知到身体的感觉，身体才能对心灵的意志做出反应。这种二元论将心灵和灵魂置于支配身体的机械规则之外，并通过将自由意志置于物质科学研究能力的范畴之外来解决其问题。

几乎所有哲学家和神经科学家都早已抛弃笛卡儿的心物二元论。尽管如此，批判和驳斥自由意志的人似乎仍然认为有必要对任何关于非物质意识可能存在于人体某个部位的说法进行抨击。例如，爱德华·威尔逊认为："学界对大脑及其周边腺体进行了充分的探索，并没有一个特定的区域，可以被认为是非物质心灵的港湾。"[17]奇怪的是，他似乎忽略了一点：如果可以在大脑中找到这样的区域，无论如何它也是物质的。尽管如此，他还是想让我们知道笛卡儿犯了错，松果体也好，大脑的其他区域也罢，都不能成为"身体机器"中的灵魂——非物质心灵的家园。斯蒂芬·平克被问到这个问题时更明确表示："灵魂如何与生命体相互影响？这样一个虚无缥缈的东西能对闪光、被戳、尖锐鸣叫声做出反应，还能牵连胳膊和双腿动起来，其中的机制是什么？"[18]这到底是怎样做到的？

到目前为止平克的观点其实并没有什么特别之处，他认为大脑是物质的，而不是虚无缥缈的，在寻找人类意志和决策的来源时，我们只需要关注人类大脑的物理运作。在一段播放量很大的网络视频中，平克说了这样一段话：

自由意志就像机器里的鬼魂，一个能看懂感官系统的"电视屏

幕",懂得按下按钮、拉动行为控制杆的心灵或灵魂,但我不相信有这种东西,我们更无法理解这样的概念。我们的行为就是大脑物理过程的产物。[19]

像威尔逊和平克这样的观点,关注的不是回答自由意志本身的问题,倾向于保护科学免受唯心论或者徘徊不散的活力论的影响。他们关心的是灵魂问题,两人把灵魂与自由意志相关联,把灵魂等同于迷信,甚至与偏执盲从挂钩。平克认为,我们有能力通过预测后果来"选择"某些行为,有可能"开辟出所谓自由意志的行为领域",但他无视所有可能涉及"神秘灵魂"的说法。[20]萨姆·哈里斯对栖居于灵魂中的自由意志则批判得更为直接:"说到人类的残忍,没有什么概念比不朽的灵魂更能提供讨论的空间,因为它独立于从基因到经济体系等一切物质影响。"[21]

现代对自由意志的批判的方方面面几乎都包含着自然决定论。也就是说,所有事件,包括人类神经系统内的细枝末节,都是先前事件和条件共同作用的结果。因此,它们至少在某种意义上是预先确定的。决定论与因果论紧密相连,没有因果,我们所知的科学就不可能存在。因此,对许多人来说,接受任何自由意志的概念都无异于拒绝科学本身。

如果科学要我们把魔法和神秘从人类思想和选择的范畴中剔除,那么决定论似乎就是剩余的唯一选择。我们不想就此认输,逃避问题,任凭那个意志的鬼魂萦绕在身体机器之中。所以我们可以把抵触自由意志的理由看作研究科学的理由,纯粹而彻底。借此推断,要想成为科学的一部分,进化似乎需要对自由意志做出一番否定。

行为决定论

尽管反对自由意志的理由似乎很容易成立，但完全接受"自然决定人类行为"这个观点会导致某些非常奇怪的情况。多年前我出席一位著名进化生物学家的讲座，他明确指出，自由意志的概念相当于一种以灵魂为基础的唯心论，在科学领域并无立足之地。这一讲座放在神经科学发展迅速的今天可能更有说服力。但在问答环节，当被问及地球正面临的挑战是什么时，他没有丝毫犹豫地说："保护生物多样性。"紧接着他围绕为野生动物保留空间、保护濒危物种栖息地发表了一番短小精悍却热情洋溢的讲话，希望尽我们所能把生命的多样性传递给下一代。我自然同意其环保主义思想，生物学家听罢也会点头称是。

然后，他向台下的专家观众指出，人类有责任用自身的教养、地位和专业技能为生态保护构建一个社会和政治上的共识。这是一个不错的建议，但这位先生方才以科学依据对自由意志表达了反对的立场，要求所有人自觉做出选择，说服可能也缺乏自由意志的其他人接受保护生物多样性的科学共识，并相应地改变他们的行动。这位发言者觉得自己有表达该观点的自由，还以为这是在根据科学发现做出仔细、合理、慎重决定的基础上得出的结论。但他此前也满腔热情地说过，决定上述一切观点的条件和力量都是他和听众无法操控的。

尽管许多关于自由意志的讨论集中在当前的实际问题上，如奖励成就或惩罚犯罪行为的社会制度，但还有一个更深层次的问题超越了这些考虑。如果思想和行为都依据各种内外条件严格设定，甚至我们自己对自由意志的看法也都早有定数，那么我们该如何解开这个谜题，甚至该如何解答一个更普遍的问题——怎么判断何为真实呢？在本章开头我指出，这个问题早已不再新颖。早在两千年前，卢克莱修已经将此生动地描述了出来：

> 如果所有运动都互联互通，那么新事物会以一种既定的顺序从旧事物中诞生。如果原子的运动方向恒定，产生某种打破固有束缚的新运动、某种永恒的因果关系，那么地球上所有生物自由意志的源泉是什么？[22]

因此，大多数哲学家不认为自由意志是一个简单的问题，众说纷纭。其中有些涉及平克之前提到的调整自由意志的定义，有些"兼容派"认为自由意志与决定论是可以相容的，而决策能力使我们能够在各种选择之间做出理性的选择。神经科学家斯坦尼斯拉斯·德阿纳这样描述他对自由意志的看法：

> 我们的大脑状态显然不是无中生出来的，也不能逃避物理定律——没有任何事物可以。但无论何时，我们的决定都是真正自由的，它们都是有意识的深思熟虑，不受阻碍、自主进行，在采取行动之前权衡利弊……重要的是大脑能自己做出决策。[23]

尽管如此，德阿纳所谓的自主决策并不完全"自由"。对他来说，那些"自发的"决定"最终是由我们的基因、生命历程以及它们在神经回路中所体现的价值功能塑造的"。[24] 他的观点仿佛行走在处于严格规定之间的"相容论"钢丝上，为我们的行为寻找外部和内部的原因，但依然让意识有深思熟虑的空间，似乎我们每次在做决定时都能感觉到。

相比之下，畅销书《信仰的终结》（*The End of Faith*）和《致基督教国家的一封信》（*Letter to a Christian Nation*）的作者萨姆·哈里斯却对科学决定论和自由意志之间一定程度的相容性毫无兴趣。他在书中写道："自由意志是一种幻觉。我们的意志根本不是自己的产物，思想和意图背后的成因连我们自己都不曾察觉，也无法施加有意识的控制，所以我们并不拥有自以为然的自由。"[25]

哈里斯借各种实验证明，与决策相关的大脑活动发生在我们意识到做出选择之前。[26] 因此，即使是一些我们自认为是完全自愿的行为，比如在课堂上举手，或者在一打鸡蛋中挑选要用的那颗，实际上也是由大脑中的无意识过程预先决定的。对哈里斯来说，没有自由意志是一个好消息。一旦"罪犯的罪责开始消失"，它将为如何对罪犯进行惩罚和系统改造提供一个更行之有效的方法。"它将通过打破白手起家的神话，让每个人都能看到将我们带到人生不同位置的各种条件，进而革新政治。"他认为放弃自由意志的最终价值在于"支持我们有意识的想法和感受，可以让我们在生活中铺开一条更明智的道路"。等下，哈里斯停顿了一下，他显然意识到，用"决定论"的优势来证明你没有决定任何事的自由明显是自相矛盾的。他还想把"人可以选择行驶在那条明智的道路上"这样的说法夹杂其中，以此弥补错误，"当然，我也知道终究被驾驭的还是人类"。[27] 其逻辑之扭曲令人震惊。

更值得一提的是，哈里斯对其关于自由意志的小册子般短篇著作的总结方式。在整个手稿中他都在煞费苦心地解释，不知道自己为什么要做出某些决定。这包括为什么他喝的不是果汁而是一杯水。"我从来没这个念头。"[28] 为什么今天早上喝的不是茶，而是咖啡？"我不知道。"[29]

人类的本能

为什么中断了 20 多年后，哈里斯又开始接受武术训练？他引述了曾读过的一本关于如何应对暴力的书。但他没有回答为何会觉得这本书很有吸引力，为何现在会练习两种武术，他承认："对我行为的真正解释都藏在我脑袋里。"[30] 哈里斯无疑认为凭借自己的口才和技巧，这一丁点儿神秘感并不会削弱他竭力反驳自由意志的论点。但是如果人们真的接受了他的论点，一个大问题就会凸显出来。对于那些缺乏自由意志来做决策的读者，哈里斯为何要写一本书让他们相信自由意志是一种幻觉，就像他所总结的那般？

真正的答案会很有趣，但对此哈里斯只能举手投降，无奈地走开。在其著作的最后三页，他跟读者开玩笑说会为书的其余部分写下"我想写的东西"[31]，他会在句子中加入"兔子"或"大象"。哪个词更好？他没有回答。他能随意改变对那些词的看法吗？肯定不能。因为如他所言，自己的思想能改变的只有自己，那么，为什么他要在这时候给著作画上句号呢？在最后一页，他告诉我们：因为饿了。他当然能忍受饥饿，但只能忍耐一时半刻，无论如何也是时候停笔了。同样的问题摆在面前：为什么下这样的结论？除了"感觉"，他没有给出任何答案。最后他去找东西吃的时候留给读者一个问题：他是否真的把一切说清楚了。但哈里斯肯定会提醒我们，即便是"自由意志是幻觉"这样的结论，也不是我们能得出的。

无论人们如何为生物决定论辩护，或提出反对自由意志的论点，在这条推理的线索背后仍存在一个令人不安的逻辑问题：如果我们缺乏自由意志，那么科学逻辑本身就不再起效。我们不能说在证据的基础上做出决定或得出结论，不能佯称科学调查是通往真理的道路，甚至不能以著书来判断人们在缺乏自由意志下能否做到"相信"，因为相信本身并非自由的选择，而是一种基因、环境和无法控制的外部刺激的诡计。物理学家斯蒂芬·霍金对此自然明了，他在一本有关时空和宇宙的畅销书的开篇写道：

> 上述科学理论的观点假设我们是理性的生物，可以自由观察宇宙，并从所见所闻中提取逻辑推论。我们有理由相信，在这样的框架下人类越发靠近支配宇宙的定律。然而，如果真有一个完全统一的理论，它可能也早已规定我们的一举一动。所以这个理论本身也将决定我们对它的研究结果！为什么它就该决定我们从证据中得出的正确结论？难道就不能决定我们得出了错误的结论吗？难道就不能决定根本没有得出结论吗？ [32]

接受行为决定论不仅严重动摇了其理论本身，也撼动了所有科学，可能还延伸至艺术和人文学科。奇怪的是，自由意志的批判者似乎很少注意到这一点，也没有意识到这种思想所带来的可怕的虚无主义。

破碎的发条

如果否定自由意志会引发问题，那么对其进行肯定也会带来问题。批评自由意志的人可能想看看神经系统——任何生物或机械的自然系统，是如何在没有一系列明确原因的基础上行事的。那就去寻找一种可以不受其现状影响的行动机制，也就是要找到一个无因之因。批评者也许会认为你在找的只是个幽灵罢了，因为无法摆脱因果决定论。

但是在绝望并放弃之前，不妨回想一下物理学实际上向我们呈现了物质性质和行为的哪些方面。在 19 世纪接近尾声时，有人相信，

人类的本能

科学家即将完成一个完全确定的物理程序。人们早已参透运动的规律，把电和磁力合并成统一的电磁力，也已把原子分解成其基本组成部分，甚至也准备将光本质的秘密揭开。在 19 世纪初，皮埃尔－西蒙·拉普拉斯（Pierre-Simon Leplace）的确阐明了一个如今看来合情合理的哲学立场。如果当下有一种超群的智慧知道位置、质量、电荷以及宇宙中每个粒子的速度，那么它就可以预测宇宙在未来以及过去任何时刻的确切状态。拉普拉斯说："对如此强大的智慧而言，没有什么是不确定的，未来也会像过去一样呈现在它眼前。"[33] 在这样一个世界里，不存在自由意志将是一个不容置疑的科学事实。

但随着 20 世纪的到来，可以发现，我们显然并没有生活在这样的世界里。相对论和量子效应的发现掀起了一场颠覆牛顿物理学严格决定论的革命。我们现在知道物质最基本的单元（基本粒子）是极不稳定的。虽然统计学上对大量基本粒子（如电子）的平均行为进行预测的效果不错，对预测单个粒子的运动却无效。也就是说严格决定论是站不住脚的，拉普拉斯以现在预测过去和未来的简明思想也已分崩离析。直白地说，当下宇宙的每个细节并不是从它起源的那一刻就决定的。红灯时可以右转、迪斯科音乐甚至击球手的指定规则都不是宇宙大爆炸的必然结果。

在决定论的宇宙中，自由意志显然是不可能存在的。我们是具有物质和能量的生物，受物理定律支配。如果宇宙的运转像个上了发条的钟，那我们也是，我们的行为只是这个早已调好的时钟系统的一部分。但事实并非如此，人类也绝不会照此行动。我们都具有量子世界的不确定性，因此可以受其影响。对一部分人来说，这是将自由意志从决定论的陷阱中解救出来的一种方式。至少这意味着使自由意志不可能实现的严格可预测性束缚不了我们。但当下对物理的认识反而为这种可能性留有余地。

我们能否找到一种方法，将不确定性以影响选择和行为的方式连接到大脑回路中？简单来说是可以的！首先要注意，大脑不仅是一个负责输入和输出的设备，它还整合感官信号，发出相应的强化命令脉冲。事实上，大脑中绝大多数的神经元活动都是自己内部产生的，并且独立于直接的感官信号输入。例如，我可以闭上双眼回忆起在炭火上烤排骨的画面、滋滋的响声和悠悠的香味，不需要确切的场景或气味。我可以选择在笛卡儿坐标系上画一条抛物线，然后仔细地告诉自己抛物线 $y = x^2$ 上任意一点的斜率等于 $2x$，这是初级微积分中最基本的一种运算。这些想法是我有意选择的，它们都以独立于外部世界的神经元活动为基础。

同样值得留意的是，这些活动都在我无意识的情况下发生，它们统领着数十亿脑细胞每时每刻的运作，当然也包括一些在决策神经通路中的脑细胞。离子电流可以通过电子和可溶性离子不可预测的运动以某种方式释放，从而触发任意特定神经元"全或无"的放电现象，因此即使是相对简单的神经回路，其实际行为也会变化莫测，原则上也是如此。所以对每个细胞、每种蛋白质和每个离子的位置都有完整的认识就可以严格确定其行为，这种对大脑的错误看法与错误地看待整个宇宙并无二致。如果你对自由意志的要求只是摆脱严格决定论，那这种意志人类已经有了。

但这不是一条令人非常满意的准则。它把我们的选择和决定比作深埋在意识深处的"分子骰子"，被一次次地掷出，不受真正的自发行为约束。如果这就是自由意志的全貌，那么人们可能会怀疑其是否值得拥有，更别提其是否有讨论的价值了。它一定还有其他尚未被发现的内容，也许确实有。

量变引起质变

1972 年，物理学家菲利普·W. 安德森（Philip W. Anderson）向《科学》杂志投了一篇题为"量变引起质变"（More Is Different）[34] 的文章，他在文中阐述了当时科学界流行的一种观点：所有的科学都可以用物质和能量最基本的性质来解释。如果完全将这些科学——定义，我们就可以用一种"建构主义"来解释更复杂的系统，包括分子、结构、活细胞甚至整个生物体。安德森这位物理学界的领军者，首次描述了后来被称为希格斯机制的物理机制来解释基本粒子的质量，于 1977 年获得诺贝尔物理学奖。在文章中，他坚信科学并不能凭借几个基本定律向更高层次发起研究，从而准确描述和预测高层次的行为。他说，在"面临规模和复杂性的双重难关"时，建构主义者的设想就会土崩瓦解。相反，人们需要从物理体系的更高水平出发来揣摩新方法：

事实证明，要理解基本粒子规模庞大又错综复杂的聚集行为，不能仅从几个粒子的性质入手。相反，每一复杂的层级都会显现全新的特性，我认为理解新的行为本质上需要采用和其他行为一样的基础性研究。[35]

安德森以详细例证说明在每个阶段"有必要建立全新的法则、概念和归纳"，"心理学不是应用生物学，生物学也不是应用化学"。我在第六章也提到过类似的观点，引述了形形色色的突显特征，它们处于与意识相关的更高层次的化学和生物复杂性中。所以我们也许会问：在量子层面，事件的不确定性是否可能使自由意志之类的东西演变成复杂神经系统的更高层次的属性？

选择的发动机

我们并不是唯一能做出选择的生物，简单如细菌这样的生物也可以，甚至可能做出关乎生死的抉择。游向何方是许多细菌都会进行的关键选择。在液体中游来荡去的细菌发现养分自然不会远离，而是向养分靠近，而且大部分细菌都十分迅速、高效。细胞在培养基中向养分或其他化学诱导物移动的行为被称为"趋化性"。它们是如何做到的？它们如何选择"正确"的方向——往浓度高的化学诱导物游去？你可能会认为它们发挥了随机性力量。

许多细菌通过协同旋转鞭毛这种鞭状的细小结构，可以在液体中前进或后退。单个细菌通过向逆时针方向旋转鞭毛来游动，使鞭毛（一个典型的细胞会有 4～8 根鞭毛）联结成一束，有力地旋转，推动着细胞前进。然而，鞭毛会时不时停下来并逆转方向，这时鞭毛束会散开，细胞便漫无目的地翻滚和旋转。紧接着鞭毛会突然再次逆转，再次扭成一束，细胞再度向前移动，而这次的旋转方向变成了顺时针。

这种运动方式如何推动细胞从浓度低的养分游向浓度高的？人们发现细胞具备一个监测化学诱导物浓度的感知系统。如果细胞所在的浓度较高，它就会降低鞭毛旋转的频率；相反，如果浓度较低，则会加速旋转。通过这种方式，细胞一次又一次地调整游动的方向，向浓度高的养分等诱导物靠近，远离化学驱避物。这种机制就能把一个随机性的必要元素和一种产生有利于生物体行为的选择相结合。类似的机制能在人脑中起作用吗？有没有一种方法可以利用不可预测性做出有意识的复杂而非事先严格规定的选择？

其实已经有大批科学工作者认真考虑过这种可能性。物理学家罗杰·彭罗斯（Roger Penrose）便是先锋之一。他在 1989 年出版的《皇帝新脑》中指出，大脑本身可能会按照量子力学的原理运作，产生意识和自由意志。[36] 但他的想法并未被大多数物理学同行接受，有人指出真正的量子计算依赖于硬件必须处于冷却到接近绝对零度的状态。在这种情况下，单个粒子的量子态可以直接影响计算设备的输出。相比之下，大脑中温暖、潮湿和嘈杂的环境并不是量子水平效应能对神经元工作产生明显影响的理想场所。然而几年后，对神经系统运作很感兴趣的内科医生斯图尔特·哈梅罗夫（Stuart Hameroff）吸纳了彭罗斯的观点，认为神经元中的某些结构可能提供了合适的空间，使得量子现象确实可以影响细胞活动。

哈梅罗夫指出，观察结果表明大脑神经元的激活阈值并不像标准神经生物学理论所描述的那么狭窄，实际上变化范围很大。这表明有其他因素（即 X 因子）决定了神经元在特定刺激下是否会被激活。他声称，另一个因素很可能是有意识的选择，而所谓的量子纠缠过程则在其中起到了调节作用。简单地说，大脑中发生了一些使它能够调节自身活动的事情。为了查明这种现象的机制，哈梅罗夫将目光投向了细胞微管，它是构成神经元细胞骨架的成分，几乎存在于全部有核细胞中。微管，顾名思义，在形态上与中空的微型吸管相似，其成分是一种被称作微管蛋白的蛋白质，像铁轨一样引导物质从神经元的一端移动到另一端。

哈梅罗夫认为，微管蛋白中的某些化学基团可以参与在多个神经元微管之间传播波函数的量子纠缠中。[37] 这些互相纠缠的神经元之间的量子计算最终在被罗杰·彭罗斯称作调谐客观还原的过程终止，该过程能触发神经元放电并控制意识行为。通过"在某个特定时刻将量子信息传回，实现对行为有意识的控制"，调谐客观还原随即把自由意志的难题解决了。因为调谐客观还原实际上会让当前的事情向后延伸，影响到当前的大脑状态，因此这种向后的因果关系解释了神经元活动发生机制的问题。通过允许瞬间行动决定当时大脑本身的状态，一条通向真正自由意志的路线就可以被绘制出来。

尽管这一复杂（且难以解释）的提议可能很有趣，但批评者们对它并不友好。有些人认为，它所依赖的具体效应在生物系统中发生得太快或太少，因此无法为这种猜测提供依据。[38] 有人则认为，并无实验证据表明活细胞中存在量子纠缠，不知道神经元中的微管（不是其他细胞中的微管）如何获得这种特性。最后，"事件成为事件本身的原因"这个概念提出了彭罗斯和哈梅罗夫都未能解决的哲学和科学问题。

达特茅斯学院神经科学家彼得·乌尔里克·谢（Peter Ulric Tse）提出，可以用一种没那么新奇的方式解决这一问题，根据他在著作《自由意志的神经基础》一书[39]中的描述，这种方法基于他本人对神经系统本身可塑性和灵活性的详尽理解。在那些以哲学家或物理学家身份撰写自由意志文章的人中存在一种普遍的倾向——他们视大脑为硬件。大脑往往被比喻成一台极其复杂的机器，错综复杂地连接在一起，由感官信号输入驱动，而严格决定感官信号输入的因素是可以在神经元之间往返传递的动作电位。但是彼得·乌尔里克·谢指出，大脑实际上是由突触控制的，因此"通过明确突触的状态来描述神经网络的状态，可能比描述神经元的放电模式更有说服力"。[40] 这一点很重要，因为神经活动本身可以迅速改变连接两个神经元两侧突触的强度和敏感度，所以能够完善大脑"硬件"的神经活动实际上可以改变大脑活动的方式。

当然，人们知道大脑的可塑性已经有一段时间了。2009 年的一项研究表明，学习杂耍会导致大脑中与视觉和运动技能相关的区域（顶内沟）中的白质发生变化。[41] 彼得·乌尔里克·谢的实验也表明，学习中文会导致语言处理神经回路发生类似的变化。[42] 你可能会说，诸如此类的研究最终证实了希腊哲学家赫拉克利特的智慧，柏拉图曾引述他说过的一句名言："人不能两次踏进同一条河流。"河流因你的存在而改变，大脑也因它所经历的一切而改变，包括你自己的思想。

谢教授援引了一项研究：神经活动状态最活跃时可以在几毫秒内改变它们所经过的突触的敏感度。这意味着即使有一种足以在几分之一秒内触发不同神经冲动的刺激，单个神经元也不会有反应。通过快速调整突触可以有效改变神经通路，就像控制几个开关就可以切换轨道改变火车的目的地一样。所以，神经系统的运作靠的不仅是在细胞间传递编码信息，它们还积极改变这些信息的传递路径，这样就可以改变其反应性质。因此大脑本身在一瞬间就为自己未来的活动设定了标准。

由此，谢教授确定了与自由意志相关的选择机制。他认为在任何时候，大脑的行为方式都早已定好，由当时神经网络和系统的详细条件决定。然而，神经元在那个瞬间的活动能够改变也确实改变了大脑网络的性质，为之后的活动做好了准备，包括可能在几毫秒内发生的活动。他认为这样还不足以提供真正的自由意志，因为即使僵尸般的生物也可以利用重新调整突触来改变未来的脑活动。他的想法独特，体现在认为意识活动本身可以推动突触的重新调整。因此，与意识选择相关的神经活动可以改变大脑的状态，从而在之后产生不同的反应，这种反应目前仍是确定不变的，所以并不违反科学因果的基本原则。

谢教授提出了一个"三阶神经元模型"来解释自由意志和选择。

在第一阶段，神经网络的突触快速重置是对大脑预处理信息做出的反应；第二阶段，各种可变的信号输入，到达脑部，并根据重置神经网络中的标准对其进行处理；到了第三阶段，重置神经网络会根据这些标准选择触发或不触发。谢认为随机性可能发生在前两个阶段，不会在第三阶段出现。从实际的角度来看，在某种程度上，随机性确实在产生新的神经元放电模式方面发挥了作用，而这些模式控制着发生在第三阶段的确定性反应。谢将这种现象称为"标准因果关系"。

谢教授认为，标准因果关系绕过了对自由意志的一个常见的反驳意见：没有一个过程能够导致自身的出现。他所描述的过程肯定不是自身导致出现的，而是以一种受人自觉意志支配的方式为未来的行动制造原因。他有一段精彩的（经典的）比喻，说标准因果关系"开辟了一条通往强大自由意志的道路，它既避开了决定论的'礁岩'，也没有落入随机性的'旋涡'，而是恰处于两者之间"。[43] 他在一篇颇受欢迎的文章中解释了自己的观点："我们的大脑可以设定标准，在脑内展现事件，选择最佳选项，然后让事件发生。"[44] 从最合理的标准来看，这与我们与生俱来的自由意志非常接近。那么，谢解决问题了吗？

也许解决了。谢教授肯定在研究神经系统真正机制方面比他人都走得更远，这种机制能够根据特定的标准做出选择。因为像思想之类的心理活动也是细胞层面的生理活动，他指出了思想本身可以影响大脑未来活动的方式。这也许能满足自由意志的某些定义，它肯定提供了一种机制，过去的选择会通过这种机制影响未来的大脑活动。他承认，最初的选择会受到基因、经历和神经系统既有状态的严重制约。当然，我们的选择也受到各种因素的影响，甚至不需要强大的自由意志。尽管如此，在思考谢的说法时，我想知道他所做的一切是否只为了描述一种更精细、更复杂、适应性更强的决定论。鉴于其理论体系中的即时决策仍然受限于前提条件，这是一句中肯的批评。无疑有人会认为反对自由意志的科学难题已经解决，谢所做的一切本应让他们的言论暂时消停。事实则不然，我们有充分的理由继续思考这个问题。

因果的牵引线

包括萨姆·哈里斯[45] 在内的许多科学作家都信心十足地表示，从实验室得出的结果表明自由意志不过是一个错觉。这些论断来源于30多年前神经生理学家本杰明·里贝特（Benjamin Libet）进行的一系列著名实验。在一次经典实验中，里贝特要求被试做一个简单的动作，比如轻敲手指或按下按钮，任何时候都可以开始。他们还需要观察一个围绕一台时钟状装置快速移动的小点，并在他们想做记录的确切时刻写下点的位置。被试与一台脑电图设备相连，所以里贝特能够监测每次轻敲手指之前的大脑活动。经设备检测发现，大约在被试报告有动作冲动之前的 500 毫秒，大脑运动皮质（控制身体运动的区域）的活动增加。自此以后，神经科学界进行了数次类似的实验，大多数专家都观察到，在做决定的自觉意识出现之前，大脑活动（被称为准备电位）会出现这样的增长。他们把这些观察结果解释为：就连什么时候动手指这样简单的决定，都是由我们无法控制的大脑无意识区域"为我们"做。

约翰－迪伦·海恩斯（John-Dylan Haynes）近期在柏林进行的室内实验证明，这样的决定时间可能还会提前 7～10 秒到来[46]，甚至可以预测被试是否要按下按钮，用左手还是右手。尽管这些结果似乎很有说服力，但它们对自由意志的影响是值得怀疑的。

丹尼尔·丹尼特认为，这些实验比表面上看到的复杂得多。[47]他要我们想到参与者的大脑其实并没有"看到"，还要将移动点的位置记录为单一的瞬时事件。从视网膜到视觉皮质的神经通路需要几毫秒，视觉处理将图像呈现给有意识的自我可能需要更长时间，这些延迟必须也算进大脑做出按下按钮的决定所需要的时间里，然后才能判断哪个移动点的"快照"与这个决定真正同步发生。但是，当需要激活运动皮质向运动神经元发送指令，触发肌肉收缩让手指运动时，对决定的感知可能会出现更长时间的延迟。

最后，丹尼特解释说，当大脑发送动作命令让身体采取行动如迅速键入一个词时，决定输入一个特定的字母与手指按下相应键位之间的时间延迟，大脑已经学会用自身的延时对其进行监控。换句话说，按下字母 k 的心理指令与手指执行该指令的实际时间之间相隔几毫秒。与此同时，如果我们正在快速打出 keyboard 这个词，打出之后的字母（如 e、y、b）的指令会被迅速发出，并在我的手指真正完成按下字母 k 的动作之前消失。所以在打字时，大脑利用的不是现在的指令决定，而是几毫秒之前的，并一直通过比较触觉和视觉反馈锻炼监控类似活动的能力。然而，我们收到指令和按下字母键几乎是同步的。丹尼特认为完全有理由相信同样的时间延迟也是里贝特实验的一环，所以准备电位和做决定的自觉意识之间的差距"是一种对理论进行错误想象的产物，而不是一项发现"。[48]他说："你并没有脱离循环，因为你就是那个循环。"[49]

近年来有实验结果为丹尼特对上述实验的批判提供了支持，结果指出所谓的准备电位实际上并不意味着一种潜意识的决定。相反，大脑中电位的这些波动可能预示着做决定这一行为的开始，或大脑皮质触发运动的必要准备。[50]谢和同事通过一系列敏感度极高的实验，证明准备电位和行动意愿的意识之间缺乏"因果关系",所以他们也加入了这初见端倪的共识。虽然准备电位可能是大脑决策过程中耐人寻味的一环,但它的出现并不代表自觉意志只是一个牵线木偶。真相往往更复杂,但也更有趣。

自由的进化

我相信关于自由意志的辩论将持续很长一段时间。它以哲学为起点,然后转移到物理学的阵营,如今已延伸至神经生物学领域。要说在这段时间里发生了什么变化,也许就在于这样一个事实:如今的哲学家如果对这样一门日益清晰界定哲学推理和推论的科学缺乏根本认识,就无法从逻辑上深究其因。我认为这是个好现象,在不久的将来,我们将在脑科学的快速发展中找到最终的答案,我对此深信不疑。耐人寻味的是,在真正鉴定出做决定的神经网络或神经元集群究竟是什么之前,我们还不能妄下结论,但我们可以探讨一个与本书主题直接相关的问题:关于自由意志,进化究竟告诉了我们什么?

我们看到,有一种自然观认为生命是一个物理过程,而进化建立在此之上。如果一个人坚持认为物理过程受严格的可预测性的约束,那么做出自由选择的能力则完全是一种幻觉。另外,如果有人注意到这个过程固有的不可预测性,即使我们不能确定自由意志是如何或在哪里产生的,它至少也有可能存在于生命体系中。我认为能够达成共识的是:如果自由意志并非现实,那么它至少是一种影响思考和行动方式的强大幻觉。生物学家戴维·巴拉什说过,即使是那些拒绝承认自由意志的人(就像他一样),也会"体验我们的主观生活,仿佛自由意志至高无上"。[51] 无论是幻觉还是现实，自由意志的感觉都是强大而迷人的。那么，它从何而来呢？

选择因人类和其他生物而存在，所以丹尼尔·丹尼特让我们仔细思考选择的本质。如果把自由定义为"在各种行为路径之间进行选择的能力"，那么我们的自由度必定比一个以化学梯度定向地疯狂旋转的细菌高数个级别。就所有可能存在的行为路径而言，一只果蝇同样能超越那个细菌，鸟类对自由的感觉则更甚。但丹尼特说，这些路径离人类行为选择的可能性还有一段距离。

人类是唯一能够想象物理景观之外可能的适应性景观的生物，可以透过山谷"看到"想象中的座座高峰。我们正在进行的这项任务，也就是弄清楚人类道德诉求是否存在科学正在寻找的坚实着力点，展现了人类与其他物种的差异。[52]

这种能力从何而来？为了目睹这些可能性，为了对选择进行判断，为了思考探索世界的道路，人类是怎么产生这种能力的？进化是唯一的答案。心理学家罗伊·鲍迈斯特（Roy Baumeister）的回答呼应了这一点："生物一旦开始选择，便会进化出自由意志。"[53] 人类之所以区别于其他动物，就在于高度发达、以语言为基础的文化。我们有能力向他人阐明选择的缘由，使我们能够通过意志的自觉行为来克服进化的驱动力和本能。这些都是人类社会互动的基石，它们证明自由意志不仅仅是一种幻觉。无论好坏，自由意志都是人类取得成就，甚至成为地球主宰的基石。

要理解这一点，没必要以魔法或唯心论为证，或者给原子赋予意图。鲍迈斯特这样解释：

我们无法打破物理定律，但我们的行为能摆脱物理因果。没有一个电子懂得黄金法则，对任何给定原子的详尽研究都无法提供线索，以证明它是一个遵循或违反该法则的人的组成部分。[54]

尽管丹尼特和鲍迈斯特关于自由意志的观点没有得到哲学界或科学界的一致认同，但有一点值得留意，那就是批评者认为什么是自由意志"幻觉"的终极来源。当科学作家丽塔·卡特（Rita Carter）将人类的自由感与进化历程联系在一起时，她也是在为众多反对者发声：

自由意志深深根植于人脑，恰恰因为它能防止我们陷入置自己于死地的宿命论的心态——它是大脑中最强大的生存辅助手段之一。[55]

卡特认为，自由意志的幻觉通过产生一种个人使命感来影响社会，这导致了对异常行为的法律或社会层面的惩罚。卡特这番严词厉色的评价无论是正面的还是负面的，都是一次有价值的判断，但毫无疑问，对自由意志的设想必将构成我们对罪与罚的态度的基础。所以在人类社会发展、繁盛之际，自由意志提供了一种能带给我们帮助的、显著的个人使命感。

有趣的是，正如塔利斯指出的那样，"自由意志是一个自然选择进化过程中产生的心理错觉"的想法具有讽刺意味。如果我们真的缺乏自由意志，那么我们有意识的思想和欲望是由我们无法控制的力量决定的，我们无法通过选择来改变未来的事件。然而，如果自由意志的"幻觉"确实有其适应性价值，那么它确实通过促进人类社会族群的凝聚和繁荣改变了事件的进程。所以，如果自由意志是个泡影，它也是一个能够自我实现的泡影。

也许卢克莱修所言不虚，原子偶尔也会一反常态，"打破命运的枷锁"。也许我们的内心深处有一个彭罗斯或谢所说的神奇机制，它能捕获物质物理本质中固有的不可预测性，从而产生自由的选择，为自由意志提供科学的依据。也许正如丹尼特所说，我们是一种具有完全确定性的生物，自由意志被视为各种可能选择中的理性选择，源于人类神经系统的错综复杂和自我意识。或者它一如评判者所斥，只是一种幻觉，一缕进化的残烟，让人类能够以社会物种的身份糊里糊涂地成为如今的主导物种。无论你赞同哪一派的观点，你都会发现在有关自由意志或真或假的解释中，进化始终处于中心地位。达尔文并非自由意志的敌人，因为如果我们真的是自由的，那也是进化的恩赐。

第八章

舞台中央

我希望今夜晴空万里，这样就有望看到一年一度英仙座流星雨的盛况，彗星碎片撞击地球大气层瞬间爆发火焰，闪现条纹状的光芒。在这些壮美时刻，你有机会躺在黑暗中抬眼欣赏夜空的宁静之美。这种经历往往让我感慨，相对于浩瀚宇宙，自己是多么渺小，但也让作为生物学家的我体会到生而为人的意义。虽然很想在自家的后院里独享这片天，但今晚我并非唯一仰望夜空的人。全球各地将有数以万计的人目睹这一奇观，流星迷安静地聚集于某处，年复一年。

面对此情此景，不妨细想。我会和这群人一同躺在这颗小小的岩石行星的表面，满怀好奇地仰望群星闪烁的盛宴，它们形状各异、五彩斑斓、种类丰富。流星的火花是新生的，就在它划过天际之前的几分之一秒产生。但是这匹星光的绸缎是历史中的一小节，有些更古老得令人不可想象。我看到了北极星，发现它绽放出的一缕缕稳定的光芒已经有至少 400 年的岁月。天狼星离我们更近，所以看起来更亮，它的星光只需经过 8 年半就能到达我们的眼里。我们看来模糊不清、朦胧难辨的苍穹深处是一个个星系，其光芒已经从数十亿年前一直传递至今。我们只能好奇自此之后这些星系会如何，它们是否仍然存在，是在黑暗中消亡，还是爆发耀眼的光芒。答案就在路上。我们只需要等待数十亿年就能知道答案。

让这颗小小星球的表面变得美丽的所有生命形态中，只有一种会这样仰望夜空。只有一种生命知道英仙座的壮观景象即将来临，只有它懂得测量自身到群星的距离，只有它能思考宇宙的年龄，也只有这种生命能意识到这片星光下需要揭开的奥秘。虽然所有生命都是一体的，都是由血缘、构造和身体设计联系在一起的，但只有人类才能寻求行星相关问题的答案。这值得我们思考生物形成的来龙去脉，以及它在这颗星球上存在的意义。

人性的承诺

对于西方文化中的人来说，亚当这个人物一度定义了人性的本质，既有充满希望的一面，也有悲剧的一面。玛丽莲·罗宾逊指出，进化的故事让《创世记》式的叙事土崩瓦解，在她看来，启蒙的人文主义产生了西方文明，并诞生了科学，讽刺的是，这将毁灭伊甸园神话本身。对她和许多人而言，亚当不仅是一个人类起源的伪解释，因为人类这种道德动物对家庭、社会甚至真理的正义负有责任，所以亚当还是人类的隐喻来源。虽然罗宾逊认为进化的正确性不容置疑，但它放在亚当这一位置上的绝非一个能取代人类优良品质的形象：

　　　　　　　　　　　　　　　　　人类的本能

亚当，这个名字意为"大地"的天使般的形象，达尔文主义的
信徒随便找了一种与自然状态下行为怪异的野兽具有相同基本特征
的生物将其替代。《创世记》想为人类例外论写下一番言论，但达尔
文主义要否定它。[1]

我在前面的章节中说过，我认为罗宾逊所谓的"达尔文主义"的
含义根本是错误的，这就是我要写这本书的原因。很多人从那个引人
入胜的进化故事中得出的结论与她的说法不谋而合，不妨以她极力捍
卫的人类例外论为例。在前面的章节，我们看到了亨利·吉在其著作
《意外的物种》中也对这样的例外论评头论足。他写道，人类身上并
无特别之处，能言善辩、制作工具、头脑聪慧、能数会算甚至自我意
识等属性均平平无奇。所以认为人类独异于万物，特别出众，或者像
亨利·吉所说的我们是"创造的极致"之类的天真想法简直是空穴来
风。我们没那么了不起，也没有自鸣得意的资格。

亨利·吉所谓"人类不足为道"的信条与斯蒂芬·杰·古尔德
偶然的历史观完美相融，古尔德认为在这段历史里，无论人类、哺乳
类还是脊椎动物都不是进化的必然产物。借用他的比喻，如果把生命
史的"录像带"往后倒，就会出现截然不同的事物。进化并非一定孕
育出人类，或者和人类相似的生物。所以任何认为进化促成进步的说
法都不过是自我满足的错觉。进化不是一路不回头地走向完美，而是
在无穷无尽的可能性中随意游走，其中没有哪种可能性比另一种更重
要，也没有哪种尤其值得我们注意。

这个观点的内核是进化随机性的重要性。进化是由遗传变异的不
可预测性和自然选择的要求之间的张力驱动的，这显然是一个非随机
的过程。古尔德强调，历史事件作为推动自然史大潮的决定性因素，

自有其重要性，所以他对人类文明的崛起并不在意。我们是历史的偶然，不是什么宏大计划的结果，只不过是运气和巧合的结合体。因此，人类认为自己是特殊的个体，是判断和逻辑上的错误。

在许多解释"达尔文主义"的人看来，如果这些观点有稍微贬低人类生命的倾向，那么我们还要面对更加让人懊恼的结果。在自然选择无情的压力下，我们的身体、思想和行为都是由严苛的生存要求塑造而成的。所以无论我们看起来多么复杂，我们的内心深处都仍然是粗野的动物，内在动力和价值观都是为了传播基因与确保自身和族群的生存而存在的。理查德·道金斯曾说："因为我们生来自私，所以不如教大家学会大方慷慨、助人为乐。"[2] 毫无节制的贪婪和侵略意图泛滥成灾，显然也是人类进化的天赋，依道金斯所说，人类缺乏爱和善良这个事实同样深刻、显而易见，这两种美德并非人类与生俱来的，只能刻意传承下去。

20 世纪 80 年代，我第一次在公众场合捍卫进化论，我天真地认为与"科学的创造论者"的争论会因事实论据而尘埃落定，但他们竟然认为地球只有 6 000 岁，认为化石记录中存在空白，这两点非常可笑，而且借助真凭实据就能轻易驳倒。让我没有想到的是，否认进化的人面对大量与之相反的科学事实仍然坚持己见。他们对于亚当和夏娃的故事，对于原初造物的完美无瑕，对于第一对人类夫妻的罪过，以及对于我们如今所谓的从圣洁堕落至死亡和混乱的坚持一开始让我尤为震惊。我不明白，为何连很多古代基督教学者都未能真正理解的《创世记》的史实性，却被如此牢固而充满热忱地维持至今。

有个答案经常出现在我脑海中：如果《圣经》第一卷不足为信，那么之后的福音书又怎能被认为是上帝的话语呢？我其实对这个答案并不在意，因为我发现《圣经》不是一本书，而是一套书，一个迷你

　　　　　　　　　　　　　　　　　　　　人类的本能

"图书馆"，里面收藏着由不同时代的各类作者为不同读者编著的作品，而且其目的往往不尽相同。所以（人类）挑选的一本可以纳入这个"图书馆"的书的准确性并不能说明一千年或数千年后其他书的准确性。某些创造论组织会教孩子们唱一首歌，其中有一句歌词是"我的祖先是亚当，才不是什么黑猩猩"[3]，但我感觉在《创世记》的故事中有一些更有意义的内容，字里行间远不只是这样简单的口号。这些深思已经超越《圣经》字面上的教义要求，直接反映人类的自我形象。我们是谁？我们从何而来？我们能成就什么？

对大众而言，从达尔文主义的叙述中得来的答案黑暗而不祥，令人深感不安。首先就是对思想不属于自身的盲信。这些答案肯定不是按照一个存在的至高形象或类似物塑造的，甚至不是遵循一种允许我们寻找自身存在的真理的方式形成的。我们的"生存机器"是为了抵御死亡，让它有足够的时间把基因推进到依旧在挣扎却高度社会化的下一代灵长目动物中，确切地说，大脑和其他器官也只是生存机器的一部分。进化心理学可以把我们的道德价值观解释为一种本能的行为模式，它只有在种群对生命进行选择时才能形成。艺术是用来吸引伴侣的；而利他主义是出于一己私欲，即便我们"认为"事实并非如此；"真相"只是一个与不可知的现实松散地联系在一起的建设性错觉。思想和行动的自由也是这个错觉的一部分，是大脑自欺的一个谎言，以便人类这种动物提高成功繁衍的概率。高雅的文化不是天才的杰作，而是许多人为了在生活和挣扎的世俗现实中塑造一种美丽的表象，偶尔适应而成的产物。美本身的定义只在于它引发这种错觉的能力，让我们能在个人的徒劳和最终死亡的荒谬环境中继续前进。

从愤怒到快乐，再到喜爱，那些用达尔文主义的术语来解释每种情感冲动的人认为，人类的图景似乎既并不值得为过去而骄傲，也不值得对未来抱有希望。如果连意识都是一种幻觉，那思考未来、寻找过去的智慧，或是赞美人类的成就，都会变得毫无意义。相比之下，亚当的神话曾经肯定了一种真正的人性，它告诉我们：人可以自由选择，选择的后果都是真切的，真正独立的思想使反叛成为可能，这些都是人性的重要组成部分。正因为这样，罗宾逊才为"亚当之死"哀叹：

> 我们过度膨胀的大脑，像一栋房间众多、配备仓库、功能齐全的"房子"，里面藏着长期以来被视为我们生活本质的所有深藏的恐惧、会心的快乐，以及对他人同情、礼貌和关注的要求，它正逐渐走进集体生活的方方面面——宗教、艺术、尊严、风尚。[4]

虽然从否认进化论的层面说，罗宾逊肯定不是一个创造论者，但她用骇人的语言替"达尔文主义"的极端反对派完美地表达了他们的深切忧虑。她认为进化论是对人性的否定，是一项虚无主义的设计，既贬低宗教又贬低艺术、音乐、文学甚至科学。我认为这种观点大错特错，进化论所诉说的人性展现了人类完全不同的一面。它让我们纵情于所处的世界，将自己看作宇宙迄今为止最伟大的戏剧的主角。达尔文曾想赋予他那最伟大的进化论一种宏大感，而这个故事正好符合，我们也应该乐于讲好这个故事。

万灵之长

自然历史上创造论观点的错漏、证据的缺乏总是让我瞠目结舌。创造论者认为地球形成于瞬间，各种生命会立即充斥周围，这种构想

人类的本能

静止不动、一成不变且毫无生气的。地球真正的历史是一段漫长的故事，其中有一个史诗般的篇章。各块大陆都不是固定的，它们像一堆薄壳般漂浮在熔岩深海之上，不断运动。海洋会颤抖、晃动，时不时还会向空中喷发残焰余烬，将一条条熔岩河流灌注入海。生命已经了解了这颗行星险象环生的地质条件，起初只能慢慢摸索，久而久之，生命的力量和影响越发强大，甚至能改变地球和大气层，其强度之大足以让地球摇身变成生命的星球。如果遥远的别处存在外星人，它们的仪器能收集到从太阳系的第三颗行星反射回去的阳光，它们就会知道这里发生的事情不同寻常。地球大气中的高活性氧、森林和植物反射的红外线、地球的温度，这三者的存在都证明生命已经占领了这颗小小的星球。

这是一次多么壮观的占领啊！一旦发起，生命就进化了。它会变化多样，迁移到新的地方，并发展出提取能源和原材料的新方式。在此过程中，一种生命会从另一种生命形式中分离出来，随着生命历程不断探索适应环境的可能性，它会继续分化。人们证明了细胞（生命的基本单位）的适应力之强足以使其与其他细胞结合产生体积更大的生物体，它们入侵陆地，并生成全新的生态系统。如今这个生态系统生机勃勃，其中能够爬行、奔跑甚至飞翔的动物比比皆是。生命完成了所有的环节，但在细胞层面仍然保留着一个基本的统一性，这说明了它共同的祖先、它共同的历史以及它对一系列共同化学原则和构成要素的普遍依赖。一切生命最终都是一个整体。

虽然创造论者的自然历史基调是把人类和自然分离，但进化论叙述了一个全然不同的故事，一个与自然界和谐归一的故事。所以恩斯特·海克尔等人描述不同物种间的历史关联时，明确把人类归入直接与整个生命体系相连的物种谱系的一个分支。当然，现在我们会略带批判地看待海克尔的理论，主要原因有二：其一，其图名为"人类的进化树"[5]，但考虑到该图的性质，也因为他想把所有主要的生物种群展现在一棵生命之树上，所以改为"全生物谱系"更合适；其二，也是更为关键的一点，生物学家不明白为何要把人类置于生命之树的顶端，仿佛我们已经到达进化形态的"顶点"，站在生命本身的顶峰。图 3-1 则更有说服力（也更为精确），图中显示生命谱系的分支向外发散成一圈，我们从中看不出任何形式或种类的生物高于或低于其他种类。正如达尔文所说："从不比高低。"[6]

用生物学的术语来解释，这当然是看待我们自己和生物界关系的正确之道，相较于自然界数百万的分支，我们不过是一根细小的、新长出来的枝丫。亨利·吉等学者指出，有许多生物的物理或生化机能远超人类，认为我们自身的生物天赋优于它们简直毫无依据。我们只是众多生物之一。

但只有当我们狭隘到将目光仅仅局限于生物学时，这种分析才成立。

数学家、科学历史学家雅各布·布洛诺夫斯基（Jacob Bronowski）在 1973 年出版的书和同年的电视纪录片中描述了人类的崛起，当时的言语至今仍能引起共鸣。布洛诺夫斯基想描述人类如何在这颗星球上崛起并成为主宰，同时追溯引发人类文化、艺术、文明尤其是科学发展的智力演变历程。他在第一章"天使之下"中开始阐述人类例外论的理由：

> 人是一种奇特的生物。他有一套能在动物中独树一帜的天赋：他不是风景中的一个角色，而是风景的塑造者。无论在身体上还是在思想上，他都是自然的探索者，是一种无处不在的动物。[7]

布洛诺夫斯基的叙述涵盖时空。人类发源于最早的家园——东非大裂谷，在那里的一个古老洞穴的石壁上，我们发现了第一幅真正的人类自画像——一个人的手的轮廓。接着映入眼帘的是一堆形形色色的手工艺品、陶器、金属器皿、狩猎用的武器以及耕种用具。伴随这些器具的是原始社会组织的萌芽、大城市的建立、书写的发明、数学和哲学的诞生，到最后迎来了科学的萌芽，而这却也远在我们这个时代之前。考虑到他的背景，布洛诺夫斯基对自然界的规律、晶体的精确度、行星轨道的可预测性、光速的恒定性以及反映在 DNA 分子优雅编码中的遗传模式感到眼花缭乱。

当布洛诺夫斯基继续进行这项浩大的调查时，他没有去找，当然也没有找到哪怕是一小段可以否定人类与其他生物之间联系的证据。在该书结尾，他写得澎湃激昂，从生物学的角度来看，我们仍然只是另一种动物。我们没有必要反驳反对意见，没有必要把自己高置在进化树的顶端，或者在人类和其现存的同类之间砌上一堵墙。但是，布洛诺夫斯基一刻也不能容忍那些对人类特殊性提出异议的人。在提出这个观点时，他承认我们从对其他动物的研究中学到了很多关于自己的知识，他借用了康拉德·劳伦兹（Konrad Lorenz）对动物行为的研究，以及 B. F. 斯金纳（B. F. Skinner）对鸽子和老鼠进行的心理学研究。但是他挪揄地指出，这还不是故事的全部。劳伦兹和斯金纳等科学家的研究是相互关联的，因为：

> 这一系列研究向我们展示了某些关于人类的故事，但并不能说明一切。人必定有其独特之处，否则讲授康拉德·劳伦兹实验的就会是鸭子，斯金纳的论文作者就会是老鼠。[8]

有些人可能认为我们与其他生物的联系将我们降低到"纯粹"动物的水平，但它们更应该被理解为令人骄傲的历史根源，当被放置在适当背景下时，人类的成就会显得更加光彩夺目。生命史是一项已经进行了近40亿年的实验。在生存斗争中，它用难以想象的物种多样性覆盖了这颗星球，所有物种都建立在分子和生物化学统一的框架之上，所有物种都可以通过共同祖先联系在一起，所有物种都属于一个生命体系，我们只是其中的一部分，这些结论都很清楚。但同样清楚的事实是：我们是例外、独特的一环。当然，其他生物也有其特别的属性，但人类到达了另一个层次。我们是唯一了解自身起源的生物，是唯一懂得自身与其他物种亲缘关系的生物，也是唯一能够认识到生命的壮观宏大及多样性，同时为之喜悦动容的生物。

　　再看一眼图 3-1 中的生命之树，人类这种哺乳动物在其中只是一个细小的分支，灵长目动物几乎是之后才出现的，是由基因变异和自然选择机制"随性一掷"而催生的偶发事物。想想整棵生命之树上有多少位置被微生物占据着，我们认为最重要的动物所占的席位又多么有限。这幅图过分强调了人类在万事万物中的地位。图中所展示的不应该只有区区 200 多个物种分支，理应接近 1 000 万个，而人类只是其中的一个分支。这是否就像人们推断和恐惧的那般，从人类和类似生物的角度来看，"我们"在事物发展的道路上无足轻重？根本不是。

　　在生命之树找到一个又一个解决生存挑战的方法之际，它也记录了探索的道路，描绘了进化的曲折。尽管我们会犯错、有弱点、自欺欺人，但人类何尝不是生命之树对生存挑战的一种解法，不过也只是"之一"。就这方面而言，每个物种都是数百万物种中的一员，所以人类仅仅在这棵不断扩张的树的旁枝末节中占据了一个位置，并没有什么值得夸耀的。但这是否表明每根树枝都同样重要？用最简单的评测就能知道。其实正当进化不断在地球上且只在一个分支上搜寻生命的可能性时，一种独特的生物产生了，它不仅有自觉意识的潜力，还具备决定自身历史和重构所属生命之树的智慧。在它出现的那一刻，地球上的生命的性质就永远改变了。它现在可以研究和理解自己了，而它最重要的一个发现是自身与其他生物的关系。

从地球层面看，这代表人类对这种亲缘关系的认知能够产生且理应产生一种其他生物都不具备的态度——对生物界的管理。我们已经从众多生命中脱颖而出，迈向意识和认知。我们也许是个偶然，与其他物种没有什么物理上的区别，但对科学的掌握和对生命领域的了解得以让我们到达其他物种从未占据过的位置。蠢人才弄不明白这个事实。另外，如果人类过分支配这颗星球，却不担起保护的责任，那么终将酿成惨剧。生命第一次意识到它自己的存在，而我们就是装载着这一非凡演进的有意识的容器。

生命的终极潜能

进化论时常被批判为"随机进化"之说，这既在暗示进化过程的结果不可预测，也指它缺乏特殊性、意义或价值。如果随机进化确有其事，那人类在这颗星球上将成为另一个"随机"事件，在地球或宇宙的事件洪流中，并没有任何特殊性。在一个一切皆随机的宇宙中，任何事件、过程、形式、结构或有机体似乎都与其他事物同样平凡。出于哲学或宗教原因，人类的重要性会让部分人相信我们出现在地球上是个必然事件，是自然过程中可预测的结果，而非天命。

如前面章节所述，古尔德把人类存在的原因归结为"时代问题"。他认为，这并不是因为进化沿着预定的路线走向完美，不是因为脊椎动物的先天优势，更不是因为进化显现出向复杂性、意识或智力发展的明确趋势。相反，进化是一个偶然事件。的确，自然选择是一种可以推动进化向某些方向改变的强大力量，但是进化中的剧烈转变，优胜的主要物种赢得主宰之位，被淘汰的走向灭绝，在很大程度上是偶然事件的结果。古尔德认为，关于人类在这一过程中的重要性，我们应该认识到：

> 智人……是一根小树枝，昨天刚刚在一棵巨大的生命之树上萌芽，但它如果从种子中再生，就永远不会长出同样的枝丫。[9]

古尔德在畅销书《奇妙的生命》中着重提及他对人类的非必然性的确信："把这盘录像带倒放 100 万遍，我认为不会再进化出智人这样的物种。"[10] 从具体意义上说，很少有科学家会对此提出异议。这种几乎没有体毛、双足行走、手／脚十指／趾、形态如人的灵长目动物不太可能第二次出现。但是古尔德认为一般的智力特征也不会再现。如果他沿着这个思路解释为何类人智力的进化根本不可能，那就真的有趣了。然而，就像罗伯特·赖特在古尔德的书中写下的一段评论，古尔德并没有这样做：

> 但真正的问题在于，如果自然没有进化出人类，那么会进化出其他高智慧生命吗？自然选择的基本规律是否为某些生物最终发展出自我意识提供了极大的可能性，甚至使它们知道被创造的过程？一般来说，伟大的智慧是进化中固有的，或者至少事实上是固有的吗？古尔德在书中以很大篇幅写出对这个问题盎然的兴趣，却刻意回避了正面解决的方法。[11]

　　　　　　　　　　　　　　　　　　　　　人类的本能

根据目前为止的肤浅观察，古尔德反而发现智力的进化不可能选择另一条非人类的途径，"我们只能说，地球从来没有第二次新生的机会"。[12] 鉴于他所谓的高智慧生物直到 200 万年前才出现，很难理解他为什么确信未来不存在沿着另一条进化路径发展成另一种形式的第二种"人类"。正如赖特所敦促的：

> 拜托，耐心点儿！从单细胞生物到鸟类、狗、熊，再到黑猩猩，这一过程历时数亿年。古尔德估计地球可能还会存在 50 亿年。难道这段时间还不足以让生物在进化的前沿迈出一小步吗？ [13]

当然足够。循此思路，某些研究者对寒武纪化石所做的开创性研究成为古尔德在《奇妙的生命》中的论据基础，当中最令人瞩目的当数剑桥大学古生物学家西蒙·康威·莫里斯（Simon Conway Morris）。关于他自己的发现对进化历程影响的解释，莫里斯与古尔德有明显不同的看法。[14] 他写了大量关于化石记录趋同的文章，旨在表明进化一次又一次地向适应性问题的类似答案靠拢，甚至在毫无关联的血统中也能找到答案。在莫里斯看来，生物需要适应特定的生态条件，这意味着进化所走的路线或多或少都是可预测的。换句话说，在探索适应性空间的过程中，进化倾向于一遍又一遍地寻找相同的生态位。他承认其中有很多可能性，但不是古尔德所说的纯粹靠运气。

后来，莫里斯出版了一本详尽的大部头《进化的符文》(*The Runes of Evolution*)，探究了广阔生命领域的集合。莫里斯逐章描述了许多具有完全不同的进化起源的动植物，它们在形态、种类和生物化学上的相似适应性都有其独立源头。这些适应性包括进食、行走、游泳和飞行的身体结构，以及产生视觉、嗅觉、味觉和听觉等感觉器官。他认为，当生物面对特定的生态位问题时，流体动力学、光学和声学定律等物理约束便限制了成功解决方案的数量，而进化将不断发现这些解决方案。

智力只是针对特定生态位的一种解决方案吗？莫里斯认为这很有可能，他写道："对达尔文来说，玄之又玄的莫过于物种的起源，但对大众而言，它就是心灵的本质。"[15] 所以，把人类从这个图景中去掉吧，说到这里，不如也把我们的灵长目近亲剔除吧。那么有没有其他种群能让我们看到出现真正智慧的可能性呢？莫里斯建议我们把目光投向章鱼。

章鱼是一种软体动物，大约在 5.5 亿年前与脊椎动物共祖同源。也就是说，章鱼和人类之间的任何相似之处都一定是通过完全独立的进化途径实现的。章鱼与鱿鱼和乌贼有着相同的身体结构，这与脊椎动物有着根本的不同，但它们与人类在某些生理机能上表现出惊人的趋同性。它们照相机般的眼睛与我们的双目非常相像，更具备相似的视觉处理体系。章鱼体内没有骨骼，由肌肉组成的触手没有关节。每当抓住大型物体会触发肌肉收缩，它们的触手便会变硬，从而形成一个像我们的肘部一样的假关节来平衡重量。它们乐于学习，每只章鱼都会有独特的个性和嬉戏的兴趣，懂得使用工具，在解决问题方面能表现出惊人的适应性。网上有大量视频展示了这些动物如何逃离狭窄的空间，甚至身处罐子中也能拧开盖子。

髓鞘包覆的神经元使脊椎动物能高速传递神经冲动，作为无脊椎动物的章鱼并不具备这一结构，但它们已经解决了这个问题。直径达 1 毫米（大约是一般哺乳动物神经元的 100 倍）的巨大神经纤维削弱了控制喷气推进式游泳的肌肉的神经元。这些神经元巨大的横截面使得动作电位能够以极快的速度传递，确保大脑和肌肉之间的快速协调，这对于躲避捕食者和捕捉猎物至关重要。它们的大脑是所有无脊椎动物中最大的，并且似乎拥有与脊椎动物大脑的小脑和海马区对应的区域。

它们基因的复杂度可以与脊椎动物的媲美，而且包含了其复杂行为的分子基础的一些有趣线索。与人类基因组相比，章鱼的基因组包含更多蛋白质编码基因（2016年的一项测序研究结果显示超过3.3万个），我们还发现其中存在与复杂神经系统发育相关的两个基因家族的大规模扩展，这种现象往往只在脊椎动物身上出现。[16] 这可能预示着它们的进化轨迹会改变。莫里斯说这些发现提供了线索——"章鱼脑中的念头就是我们了解所有大脑的另一条途径"。[17] 我们把理性思维和自我意识与人类心智联系在一起，把它们比作神经体系皇冠上的宝石，两者也许不是一下子就能出现的，却是可一不可再。相反，正如他所暗示的那样，它们也许是自鸿蒙初开就融入宇宙的定律和法则的一部分。

如果莫里斯是对的，那么生命就有一个由生存条件决定的"深层结构"。并不是所有在物理学、遗传学、生物化学和生理学领域的事情都有可能发生，所以如果你相信的话，演化的任务就是找到那几个可能的、可行的、能够承受自然选择的持续挑战的解决方案。从这个意义上说，进化过程中至少存在一个可预测的元素，一组可以说明生命不仅仅是在生物界随机游走的模型。如果由智人占据哺乳类曾经所在的生态位是解决方案之一，那么该生态位可能会被软体动物或其他种群再次占据。正如赖特所说，这说明"伟大的智慧"可能是进化过程中"固有的"。

类人的智慧的出现有可能甚至极有可能是进化反复探索的自然深

层结构的一环。一种与人类相似的生物，也就是懂得反思、具有智慧和自我意识的生物，其诞生绝非源自掷骰子般的侥幸行为。它的出现是等待中存在的必然结果，是自然界的一部分。如果是这样的话，我们就绝不仅仅是基因变化齿轮的另一个随机副产品。我们体现了生命的终极潜能——认识自身。

心智的重任

在《哈姆雷特》这部伟大的戏剧作品中，主角哈姆雷特说人类是"理性高尚、能力无限"的生物，不是单纯的动物，而是"世间之美、万物之灵"。"可是，"他说，"对我来说，这点儿从尘土中提炼出的精髓又算什么？"不算什么。这位丹麦王子认为，尘世中没有什么能令人感到欢喜。当然，哈姆雷特的生活一团糟，而且即将变得更糟，所以他心烦意乱或许是可以理解的。

当我第一次读到这部剧作的时候，我还是一个不问世事的高中生，我想我知道"精髓"的意思，因为以前听过很多次"精髓的"这个词。苏格兰平原的史纳菲牛排店是一家"精品"牛排店，米奇·曼托是棒球强击手中的"典范"，玛丽莲·梦露是"完美"的电影明星。任何精髓都是事物纯粹和完美的本质所在，任何典范都是其技艺或工艺的完美体现。所以，我推测哈姆雷特所指的是：如《圣经》所言，我们来自尘土，但达到了尘土所能形成的最完美状态。但我后来发现"精髓"代表一些更微妙的东西。

学习了好几年拉丁语，我本该留意到 quintessence（精髓）的前缀 quin 源自拉丁语，表示"第五"的意思，所以这个单词的字面意思是"第五元素"。在西方古典思想中，物质世界由火、土、空气、水四种元素组成。但是要解释精神的实质，即存在的精神本身，就必须有第五种元素，因为纯粹物质的四种元素显然不能解释人性的"无限能力"。莎士比亚让哈姆雷特用挑衅的语气承认了这种说法，但后来在他的葬礼致辞中进行了一番嘲讽：

> 亚历山大死了，亚历山大被埋葬，亚历山大化为灰尘，灰尘变成土，我们用土来做泥巴，谁能说人们不会用此泥巴来封个啤酒桶？

哈姆雷特冷冷地说，死亡将这种神奇的精髓浓缩为最平凡的物质。这就是所谓的"万物之灵"。你本为尘土，必归于尘土。莎士比亚明白了这一点，并通过一个最令人难忘的角色将这一理念说出来，让观众细细品味。

尽管有哈姆雷特之言，但是对"人类本质上是物质"这一概念的抵制仍然存在，并且是抵制进化论的根本原因之一。弗朗西斯·克里克提到一个所谓"令人震惊的假设"，令许多人担忧：

> "你"，你的悲与喜，你的记忆、理想、个人认同感和自由意志，实际上只不过是一大堆神经细胞及其相关分子的行为。正如刘易斯·卡罗尔笔下的爱丽丝所说："你不过是一堆神经元罢了。"这个假设对今天活着的大多数人而言是多么怪异，以至于真的可以说是语出惊人。[18]

虽然我不赞同克里克这句简短的挖苦（"不过是一堆神经元"），但神经系统的庞大和复杂令人难以想象，它无疑是我们所谓人性的重要组成部分，没有了它，我们就不存在任何意识。尽管如此，在第五章中我们看到克莱夫·斯特普尔斯·刘易斯和霍尔丹在神学方面有着完全相反的观点，两人都轻易因物质心灵的概念而动摇。同样，华莱士也怀疑像自然选择这样的物质过程无法解释人类在文明的顶峰所表现出的独特的精神品质。

大脑中仍存在许多神秘莫测的方面。我们已经知道大脑的容量在地质年代变化的弹指一挥间几乎增至之前的 3 倍，它的连接组，即大量神经元的连接模式，发生了根本变化。研究者表示，这些变化可能产生了"一种对人类思维至关重要的非常规形式"。[19] 从这种新颖的形式中，一种真正的人类思想开始萌芽。今天的神经科学家对意识和自由意志的看法无论好坏，都不会寻求精神为何是物质或者自我为何神秘的解释。所有的答案都能在大脑复杂的分子和细胞中找到，更能在全体人类身上找到。

我曾与很多有信仰的人交流，他们在听闻上述观点后仍然深感不安。他们觉得所有曾经归属于人类灵魂的东西，包括它的独立性、创造力和道德感都不一定以物质为基础。对于有这种顾虑的人，我会用查尔斯·珀西·斯诺在《返璞归真：纯粹的基督教》中所说的话回答他们，他说上帝从来就没打算创造纯粹的灵性生物。因为我们由物质构成，有物质需求。斯诺欣然指出：我们知道上帝"喜欢物质"，因为"他发明了物质"。[20]

对"精神是物质"这种观点的反感，在很大程度上肯定是因为这些发现有时在大众媒体上所表达的贬低术语。如果有人为了强调这个问题，刻意说大脑是"一块肉"，那么这个比喻无疑把大脑的功能贬低到了一个可谓荒谬的程度。在过去，心物二元论将精神赋予一切高尚的事物，而将肉体塞进一切粗俗的东西。如果我们漫不经心地将大脑仅仅描述为肉，那么大脑就被剥夺了其最显著、最具人类色彩的特性，在人们眼中它不过是一团分子和细胞的集合体。可以肯定的是，大脑是分子和细胞构成的，它又远不止于此。玛丽莲·罗宾逊指出：

> 大脑就像被贬低术语充分描述的一般，只是延续了二元论的思维来看待物质。如果心灵是大脑的活动，那么只能说明大脑能够表现出足以被称为"心灵"、"灵魂"和"精神"的崇高而惊人的行为。[21]

事实上，许多学者都在关注这个问题，仿佛启发他们的神经科学的主要目标是消除精神灵魂的古老概念，而不是用科学术语来解释人类心灵的独特性。当然，我们应该生活在讲究科学的当下。心灵由物质构成，而物质由基本粒子构成。但这显然不代表神经科学就只是粒子物理学。在层层错落的大脑系统中，分子、生化过程、细胞、组织以及神经系统本身的结构越复杂，就越需要一个又一个新兴学科来拆解。我们可能相信神经科学的术语和技术是研究大脑的正确方法，但这并不意味着人类的大脑就不是我们所知的宇宙奇迹。它绝不是一块肉。

我如果要捍卫思想的物质本质，就同样要捍卫物质心灵的作品——思想的完整性。

以萨姆·哈里斯的极端观点为例，他认为我们只不过是"生化人偶"，受无法控制的力量操纵。可能哈里斯希望提出一个反驳自由意志的理由，反对他所谓的宗教压迫，反对毫无意义的内疚，但其观点的深入超乎他的想象。我们在某些进化心理学的延伸领域看到，从购物到写诗，从服装风格到竞技体育，几乎每种人类行为都可以用进化来解释。我们所做的每个决定、偏好或选择背后，似乎都藏着一个能以进化术语解释的"真正"原因。

比如，我在假期把几美元零钱投进慈善机构的募捐箱时，这个行为背后是一种隐匿的进化而来的个人利益算法。尽管我表面上的慈善针对的都是陌生人，爱德华·威尔逊称之为"软核利他主义"（soft-core altruism），但随着时间的推移，"个人选择"让我有了关心他人的能力，容易受到"文化演进奇想"的影响。为什么我这么愿意为自己以外的其他家庭慷慨解囊呢？因为进化把我骗了，它让我觉得这种行为恰当又高尚。它是怎么做到的？威尔逊解释道：进化借助的是一些让我们能够说谎、扮演和自我欺骗的心理工具，最真实、最具说服力的表演就是自己真的相信自己编造的"谎言"。[22]

显然，只有进化心理学家才能透过这种自我欺骗的迷雾来理解利他主义的真正原因。我们似乎无法知道自己真正的动机，无法控制自己的思想，被生化特定限制蒙蔽，失去了判断力，只有某些专家才能向我们解释清楚。所以有人可能会好奇，这样的科学家凭借的是什么特殊天赋挣脱特定限制，洞悉他人选择和行动的真正动机，却从不囿于其中。就像哈姆雷特所说：问题就在这儿。

这种关于人类思想和行为的决定论影响深远，威胁着科学本身，因为它破坏了人类所有天赋中最为广泛的理性力量。尽管我们的思想复杂而强大，但如果进化塑造思想是为了满足选择、生存和繁殖的需要，如果我们恰如其分地解释了思想的所有行为，那么理性本身就值得怀疑。这意味着，我们自认为对自然事件的解释是由我们无法控制的方式决定的。这也意味着，当我们验证这些假设时，无论多么严格，我们使用的标准都不是由公正的真理标准决定的，而是由进化过程中不断发展的自我欺骗机制决定的。无论我们如何努力，我们都无法摆脱这些生化特定限制的操纵。

心理学家保罗·布卢姆（Paul Bloom）将这种从进化论角度解释所有人类行为的倾向称为"对理性开战"，他指出"亚里士多德眼中的人类是一种理性动物，这个观点最近受到了相当大的冲击"[23]。2013 年，他在《大西洋月刊》上刊文一篇，他的靶子是这个在许多知识分子圈子里都很突出的看法，即"精神生活的神经学基础表明，理性思考和自由选择均是幻觉"。当然，如果它们确实是幻觉，那么为了得出这些结论所付出的深思熟虑就也是幻觉，使我们压根儿无法得出任何关于自身或我们生活的世界的真实结论。他写道：

> 没错，我们是物质的生物，我们会不断受到不可控的因素的影响。但亚里士多德很早就认识到，我们之所以如此有趣，是因为理性支配着一切。如果你错过了这一点，你就错过了所有重要的东西。

说到重要的东西，科学当然是其一，包括进化的科学。如果我们认为我们周围的一切都只能用物竞天择来解释就是人类进化的真相，那我们就会错过几乎所有使人类独特的元素。在此，我再次引用霍尔丹关于物质大脑的观点，真正值得关注的是：由原子组成的大脑本身能够发现原子。由细胞构成的生物能发现、分析和理解细胞。由进化孕育的动物能识别这个过程，理解随着改变在身体和精神上留下的血统痕迹，不受单纯的生存需求左右。进化不会破坏我们的人性、理性能力或科学。事实上它就是三者的基础。我们之所以成为理性的动物，是因为我们是进化的产物。

万物理论？

物理学领域经常被阐明的目标之一是建立一种"万物理论"以及少量相互关联的理论原理，以此解释物质和能量的性质，以及自然界的所有基本力量。用霍金的话来说，这样的理论"将成为人类理性的最终胜利，因为到那一刻我们就应该了解上帝在想什么了"。[24]

当然，霍金所谓的"上帝"不是宗教上的，而是隐喻性的，它不是至高无上的存在，而是一套可能统领物质世界的总则。虽然物理学家尚未得出这样的理论，但其依然是许多潜心研究者力图掌握"存在"全貌的目标。生物学家可能会说，在分子遗传学和基因组学的更新下，进化已然是我们的万物理论。康德曾说："在草叶的世界中可不会出现牛顿。"但哲学家迈克尔·鲁斯（Michael Ruse）指出："草叶世界的牛顿是存在的，他的名字叫查尔斯·达尔文。"[25] 进化是生物学的核心结构和解释原则，所以生物学家孜孜不倦地重复这句格言：若无进化之光，生物学就毫无道理。[26]

我自然同意这句话，但是它能够解释人类生物学，是否也意味着进化告诉了我们所有我们需要知道的关于人类文化的知识呢？正如我们所看到的，戴维·斯隆·威尔逊确信"进化之光"远远超出了生物学的范畴，迈进了人类学、艺术、经济学、政治学、心理学和历史学的殿堂。[27] 总之，进化很快便会带来一种文化帝国主义，人文和社会科学必须向其屈服，否则就会消亡。所有关于人类创造力的真正解释，即便放眼艺术领域，如今也都是达尔文主义的。

艺术爱好者并不羞于将文学、音乐和美术完全置于达尔文主义的框架之中。这样的例子比比皆是。布赖恩·博伊德（Brian Boyd）尝试在《论故事的起源：进化、认知与小说》（*On the Origin of Stories:*

人类的本能

Evolution, Cognition, and Fiction）中解释文学，菲利普·鲍尔（Philip Ball）的《音乐本能》（*The Music Instinct*）和丹尼斯·达顿（Denis Dutton）的《艺术本能：美、快乐和人类进化》（*The Art Instinct: Beauty, Pleasure, and Human Evolution*）中也出现过类似的内容。

达顿的作品是这一流派的代表，他对艺术的分析基于 3 个他认为既定的基本原则：艺术是一种适应性的文化现象，意味着它在生存和繁殖方面有其价值；这解释了我们为何从事以及如何评价艺术；由于艺术是泛文化的事物，必然存在一种由进化塑造的可以用进化术语解释的"艺术本能"。

如果达顿只认为人类拥有一种能引导我们创造、欣赏和评价视觉图像的审美意识，又有谁能反驳？但他的说法具体得多。例如，他指出，有调查显示，大众（尤其是年轻群体）似乎更喜欢含有人物、动物和水的风景画。他解释了这种偏好，声称这类画作与"非洲热带稀树草原和其他适合人类进化的景观形式有着有趣的关系"。[28] 达顿觉得，广泛、普遍的审美意识并不会产生这样的副产品或者附庸物。相反，他写道，"然而，将这些意识视为原始冲动或情感的副产品是错误的，相反，它们直接面对并满足了那份亘古而持久的兴趣和渴望"。[29] 虽然非洲大草原肯定没有喷泉、修剪整齐的灌木丛和风景如画的人行道，但这一说法与爱德华·威尔逊关于农林公司约翰迪尔公司总部的一段陈述有惊人的相似。大草原不会像让·卡米耶·柯罗绘制的欧洲风景画或哈得孙河画派的作品那样备受喜爱。我们不禁要问，这种审美与人类祖先的过去究竟有多么紧密的联系。

人们没有诠释那些深刻描绘非田园风光的伟大艺术作品，让这些难题变得更为复杂。保罗·纳什 1918 年的画作《我们在创造一个新世界》展现了一片惨淡景象，他在第一次世界大战临近尾声时完成了这幅风景作品。它几乎不符合达顿会用来解说和评价一幅画作的所有标准。画面中没有动物，没有人，也没有水，我们面对的只有一片坑坑洼洼的泥地和枯萎折断的树木，没有一条鲜活的生命。这幅风景画也许称不上美丽，但它对历经四年战争摧残的"世界"的描绘强有力而扣人心弦。达顿认为我们见画如见古老的非洲家园，但这样简短的解释无法说明为何纳什的作品有资格被称为艺术。那么毕加索的《格尔尼卡》本身的恐怖气氛，以及迭戈·里维拉的《辉煌的胜利》（*Glorious Victory*）所展现的辛辣尖锐、针锋相对的政治嘲讽在他眼中又是什么，我们得仔细揣摩。

达顿和杰弗里·米勒等人对故事、音乐和视觉艺术等形式的适应性价值的解释更令人生疑。达顿认为能够以别人认为有吸引力的方式说话、歌唱或画画会让你在进化的军备竞赛中略胜一筹。他写道："言语行为，尤其是艺术性的言语行为是达尔文主义的适应性指标，是判断一个人的智慧、独创性或总体聪明程度的方法。"而且，"我们对技能和精湛技巧的赞赏源于自然选择背后的性选择，其本身也是一种适应"。[30] 为何这些"适应性指标"如此重要？因为它们在择偶方面的价值最突出。换句话说，创造艺术是为了帮助男性寻到伴侣，帮助女性交上好运。我在这里用到的男女人称并非偶然，达顿和米勒对此都有强调：小伙儿从事工艺，姑娘负责选择。这大概就是大多数艺术家、作曲家、作家甚至喜剧演员都是男性的原因。如果你发现这种说法里的性别歧视不止一星半点儿，那么欢迎你加入反对阵营。

顺便提一句，达顿还用了性选择原则来解释即使仿品的技术技巧与原作的细枝末节相差无几，我们对原作的重视程度也仍然远远超过复制品或赝品的原因。这是因为伪造者将繁殖适应性传递给一个实际上并不对原作艺术性负责的人（也就是伪造者），主动破坏了艺术品的

　　　　　　　　　　　　　　　　人类的本能

进化价值。进化也让我们有能力在配对游戏中发现"骗子",他们会受到适当的惩罚,这样艺术作为性装饰的完整性就得以保留。但是我们可以举出一个更有力的非性选择例子:社会互动的基础本能所受到的进化压力会对那些说谎、欺骗或利用他人信赖的人产生强烈的负面反应。这种解释适用于所有人类之间的互动,而不仅仅是艺术,所以它面临的进化选择压力也会更大。

当我们研究达顿的观点时,同样要留意的是我们其实缺乏更新世人类和社会环境的详细资料,更新世就是对这些特征的选择应该发生的时候。给《纽约时报》撰写达顿著作书评的安东尼·戈特利布(Anthony Gottlieb)旋即指出了这一点:

> **我们对更新世祖先的环境、他们的样貌以及生活方式都知之甚少,如果存在某些假设,能为他们繁衍后代出谋划策,让他们的特征在莫大的基因池中荡起涟漪,这些假设也肯定是高度投机的。**[31]

"高度投机"正是解释艺术本能适应性指标的正确字眼。我们对诗歌、音乐、戏剧和文学的热爱也可能是投机的结果。何不进一步探讨一下呢?如果我们认为用"有艺术气质的男人都能获得女孩的芳心"这个假设就能解释艺术,那么为何不把它延伸到体育领域?足球健将不也总能和"舞会皇后"约会吗?下棋也许只是为了让观众觉得我们拥有优秀的认知智力基因?性和对进化的眷恋真的能解释人类文化的方方面面吗?《华盛顿邮报》的一位书评家写过一句话:"认为用诗人的性生活就能解释诗歌的起源,就像用威尔特·张伯伦(Wilt Chamberlain)在卧室里的风流韵事来构建篮球的生物学解释一样滑稽。"[32]

就算我们欣然接受了达顿起源说中那些读起来令人捧腹的不雅之语，它也仍然无法代表艺术研究中的重点。如果进化形成了一套普遍的审美偏好，那为何不同文化的艺术表现形式会有天壤之别？从古典主义到印象派再到立体主义，从现代到后现代再到之后的流派，是什么导致了不同流派的"演进"？像毕加索如此卓越的艺术家，从拾起画笔创作出现实主义十足的作品并开启成功的职业生涯，随后投身立体主义，最终在高度抽象的作品中找到归宿，他是如何做到这些，而且每一步都能收获广泛好评的？最重要的是，我们如何评判艺术，如何区分其是否伟大？同样是以自然为背景的人物肖像画，为什么我们认为《蒙娜丽莎》比其他作品高出一筹？有一位评论家发现，虽然像达顿的艺术本能这样的理论可以揭开平庸艺术多愁善感的一面，但它所能展示的也仅此而已："当纽约现代艺术博物馆里的一切展品都违背了你的美学理论时，那么这个理论可能值得修改。"[33]

人类文化和美学可以完全纳入生物学这个观点严重夸大了科学的范围，又明显低估了人类思想的重要性和复杂性。进化解释了包括人类在内的物种的起源，但它显然不是一个涵盖一切的文化或社会理论。

正如一名批判达顿的学者指出的，从古已有之的选择压力下进化而来的反应来解释艺术作品，而非将其解释为"灵感创造"，不免会动摇"人类艺术的意义和重要性"。[34]前人在音乐、文学、戏剧和其他创造性艺术领域也曾进行类似的尝试，但并不能挖掘出隐藏在这种创造力背后的人类天赋的真正本质。

进化生物学不会取代人文学科，也不会把人类社会的艺术和文化成就降格为生存和繁衍急需的副产品。我们这种生物可是能演奏巴赫的赋格曲、吟诵叶芝的诗句、讲述吐温的故事、赏析达利的创作，甚至解释哥德尔、拉马努金和图灵的数学。但是，这些杰作源于进化而来的思维平台，而不是进化本身的产物。而这些杰作背后的人类创造力与自然选择既定的严格倾向无关，而是进化赋予我们的无限可能性使然。

舞台中央

如今，科学家正进行着一场有趣的辩论，而人类正是其中的焦点。地球上最近的 3 个地质时代为：恐龙出现之前的古生代（"旧生命"），以最后一头大型恐龙的消逝为终点的中生代（"中生命"），以及标志着哺乳类崛起的新生代（"新生命"）。我们生活在最近的新生代，起码教科书是这么告诉我们的。然而地质学家、古生物学家和其他学者正酝酿着一场确认和命名第四个时代——人类世（"人类时代"）的运动。

虽然学术科学界仍对于人类是否活在这样的时代各抒己见，但可能有一点在一开始就会明确：在这个时代，人类对地球的掌控不仅影响着全球物质和能量的循环，更影响着其他生物的生存。人类是统领地球的哺乳动物，而且已经把近 75% 的土地[35]据为己有，还改变了大气的组成、海洋的酸度和海平面的高低。可悲的是，我们有可能即将迎来地球第六次物种大灭绝，许多人都在积极思考：社会能否及时认清人类活动的后果，以此扭转局面？答案仍未确定。但无论好坏，这颗与太阳的距离排行第三的蓝色星球都已真正归我们所有。

地球上曾发生灾变，有时是生物引发的。20 亿年前，第一批进行光合作用的生物吸收了阳光的能量为己所用，并将一种废气释放到大气中，当然后来这种废气杀死了数百万生物。它就是氧气，弥漫在大气层的氧气对那些无法承受其剧烈化学反应的生物而言，简直是致命的毒药。但这次的不同在于，导致这些变化的推手是人类，而且我们明知变化正在发生。我们不仅知道地球正在发生什么，还知道这些变化背后的化学、物理和经济因素。这一次，情况确实有所不同，究其原因，就在于我们。也许我们应该把如今称为知觉时代，而不是人类世。这是生物第一次意识到其行为的后果，第一次揣摩眼前这条道路是否要继续走下去。

科学本身在很大程度上就是这种意识的深刻结果。人类独有的探究自然的能力以及动机是科学事业的核心。进化带来了拥有这种能力的生物，而且仅此一种。我认为，对于这一点，我们应该感到高兴，而不是心生绝望。

话虽如此，在玛丽莲·罗宾逊的《亚当之死》一书中，她把绝望贯穿始终，曾经有一个故事定义人类在世界所处的地位，却早已成为过去，她为此而哀叹。在她看来，达尔文主义的故事贬低了人类的生命，带来了一种视交易成功为人类价值唯一标准的无情商业主义，更将道德、艺术、文学和信仰重新定义，认为它们是自然选择残留的无意义元素。她坚定而不失优雅地说：

> **我想无意中听到的是关于何为人类、人类在做何事以及人类应该做什么的热烈争论。我想感受到的艺术是人与人之间真诚的表达。我想相信，总有一些天才兴之所至，想方设法一鸣惊人。我怀念文明，我希望它回归。**[36]

罗宾逊充满深思的文章为接受进化现实的人发声，他们无法忍受"地球年轻说"创造论的伪科学，但仍然惴惴不安，因为在人类文化中，亚当本来的地位被人性占据了。在伊恩·麦克尤恩的小说《星期六》中，我们也能感受到同样的无助和悲伤，小说中的人物读了马修·阿诺德的诗作《多佛海滩》，被其中对现代的悲怆深深打动。

罗宾逊很清楚，我们无法选择人类起源的自然史，与不能选择普朗克常数、水分子的偶极矩或光速是一个道理。自然界就在那里，真切且实在，它是让我们去发现而不是去创造的。然而我们有更大的空间来决定如何利用这些发现。如果罗宾逊真的希望无意中听到有关"何为人类、人类应该做什么"的激烈争论，我建议她在科学会议上几番挑衅性的谈话之后，晚上出去喝一杯。那些她以为被熟视无睹的观点，却能在酒吧里被广泛、频繁地讨论，这一定会让她大开眼界。

意义不是一种物质或能量固有的性质，只有碳原子才是。它没有缘由，没有意义，也没有目的，它就只有自身，仅此而已。意义是人类赋予的东西，源于个人意识的反映和思考。许多年前，我送给未婚妻一颗小小的碳晶体。就像她会告诉你的那样，由于研究生工资微薄，这颗碳晶体非常小。但它的意义于我俩而言就像原子本身的物理现实一样真切。

我们存在的现实是，我们和其他生物都是物质的创造，进化的历史同样充满斗争和痛苦，但也根植于坚持、生存和成功。我们在逐渐理解这些事实的过程中，又该赋予它们什么意义呢？我们意识到就连思考都要依靠细胞间离子和神经递质的流动，意识到我们继承了自然选择磨炼出来的行为本能，更意识到对自然的许多直接感知都因感官的局限而存在缺陷，那该如何理解这种认识呢？我觉得不用为此感到纠结，大可接受爱德华·威尔逊告诉我们的一切：

　　　　历史的发展只服从宇宙的一般规律。每个事件都是随机的，但是会改变以后事件的概率。例如，在有机进化过程中，自然选择产生的一种适应性使其他适应性更有可能产生。这个意义的概念，就它阐明人性和生命的其余方面而言，就是科学的世界观。[37]

　　威尔逊确实承认存在另一个层面的意义，即生物行为背后的意图，比如蜘蛛织网，网的意义是捕捉苍蝇。人类会为了某个目的采取有意的行动，但跟蜘蛛不同，他们更有能力做出明智、自觉的决定：

　　　　如果从意图的层面考虑，人类的每个决定都有其意义。但是，做决定的能力，这种能力如何产生、为何产生，以及随之而来的后果，是表明人类存在的更广泛的基于科学的意义。[38]

　　说实在的，尽管威尔逊也曾用心良苦地深思过意义，但决定和评价结果的能力是人类生命的属性，而非它的意义。如果这就是科学所能告诉我们的关于存在的全貌，那它的确很浅薄，我相信罗宾逊和麦克尤恩也会同意这一点。此外，如果我们承认自由意志和做决定的能力本身就是幻觉这个进化的结论，那么即使威尔逊微不足道的构想有其价值，它似乎也没有留下任何讨论的余地。曾经有人说：我们会知道真相，而真相会给予我们自由。但是这些真相似乎把我们投进了自己打造的牢笼，甚至连寻找意义的希望都被剥夺了。

　　我在本书开篇就指出，许多人会产生各种有关人类进化的可怕想法，比如把人类说成意外所致的生物，他们生活在一个由自然选择的需求刻画而成的幻想世界里，其存在毫无意义，其行为如同机器，被

　　　　　　　　　　　　　　　　　　　　　　人类的本能

早已设好的大脑反射和反应的神经化学机制操纵着。更加令人啼笑皆非的是，在那群对进化论的意义持极端态度的人中，这种有关人类进化含义的观点竟然有最狂热的追随者，他们这边接受进化论，那边却全盘否定。进化过程的重要性在这群人的眼里最为极端，也最不人道，它们成了进化论的反对派最忠实的"盟友"。

不过还有另一种观点，恰好也是我在这里要阐述的。就像我认为我们必须谈谈自然界一样，如果确实认为科学可靠无误，我们就不得不承认人类这种动物的特殊性。没错，人类血脉中某些因素的形成全靠"随机"，但操控我们出现与否的是物理和化学定律，以及这颗星球亘古不变的环境。我们是地球的孩子，但远不止于此，我们已经成为名副其实的宇宙儿女。只把人类的存在视作宇宙某个阴暗角落里一场无关紧要的意外，是对科学本身的一种贬低，而正是科学使我们能够从一开始就得出这样的结论。我们是自己所知道的最优秀、最聪明的物种，我们应该用自己的语言来描述存在，并定义我们生命的意义。

玛丽莲·罗宾逊发现生物学往往会蔑视将进化等同于进步的观点。这颗星球上的生命确实始于简单的化学反应。活细胞出现之后，具有更高层次组织和复杂性的多细胞生物也最终面世。但是进化也可能以简化和降低复杂性的方式进行，所以除了对自适应空间无休止、不断变化的探索，生物本身并没有固定的进化方向。但在这个独特的探索过程中，进化发现了一条指向一群独特生物的道路，它们在所有创造物中拥有独一无二的意识、创造力和智力水平。我们就是这群生物，在按照哲学家的指引去认识自我时，我们应该问自己在现实世界中的存在意味着什么。萨根提出了一个独特而宏大的答案："人类是一个逐渐成长到拥有自我意识的宇宙的部分化身。"宇宙已经开始认识和研究它自己，而我们就是这场迈向意识和科学知觉的进步的推动者。

在《创世记》中，上帝给亚当下达了给所有动物命名的任务[39]，显然，亚当跳过了昆虫，在一个下午就完成了这项工作。我们的工作比亚当花的时间长，因为我们给自己设定的目标是理解所有存在的事物，从最微小的事物到整个宇宙。如果我们要探寻生命的意义，恐怕这就是答案。布洛诺夫斯基说："知识是我们的命运。自我认知终于把艺术的经验和科学的解释结合起来，如今它就在我们面前。"[40]

内格尔认为，唯物主义科学未能对意识的进化和机制做出全面的解释，对此他表现出不耐烦。在他看来，物质的科学是不完整的，它不能解释生命和意识形成的"宇宙倾向"。[41]现在需要的是解释宇宙中生命形成的趋势，他认为这种趋势不能"用物理和化学的非目的定律"来解答。[42]虽然我不同意内格尔的观点，但关于目的论、自然史和进化目标或方向的问题仍有待解决。

如果宣布人类是进化的终点，是历史的终点或目标，那是愚蠢的，因为进化仍在进行，并持续改变着这个世界，也改变着我们。但问一问宇宙本身是否表现出一种意识和自我认知的倾向是公平的。当然，人类无论如何都是宇宙物质层面的一小部分，拥有意识和自我认知。所以，如果我们有足够的勇气称意识和认知为进化的目标，那么至少宇宙的一小部分已经实现了这一目标。宇宙的意识之旅的本质及其在人性中体现的性质在最深刻的意义上至关重要。我们对世界的看法、我们与自然的关系，甚至在形成社会和与其他物种交流时用的伦理道德都被它赋予了意义。正确理解这段旅程的细节，说出关于人类生物起源的真相，以及从对人类的进化历史的理解中汲取经验的智慧，这三点都很关键，应该说举足轻重。

我们的生物遗产只是我们能成为什么样的人的开始，而不是结束。认识到自己起源于自然选择过程这一点解答了人脑的形成机制，但并不会破坏人性的独立性，也不会否认人类知识和成就的真实性。进化也许能解释人类对艺术、音乐、宗教甚至科学的需求，但不能把这些领域的疑难——解决。这些领域都以其最高表现形式存在，是人类理解这个非凡世界时所能提供的最佳表达方式。

我们手中掌握着一股力量，它能决定我们是否会成为我们生命中的英雄，或者这个重担是否会在某个时刻落在其他生物身上。我认为这种力量既应该让我们满怀责任感，也应该让我们引以为傲，它应该让我们对人类实验的每一刻都心感宏大和浩瀚。我们站在绚烂人生的舞台中央。现在是我们大放异彩的时候了，我们将在地球和宇宙的历史中发挥着不可估量的作用。

人类也许一开始只是达尔文错综复杂的生命河岸上一根小小的树枝，但这根树枝使一切都有了意义。有些人会反思这种生命观，让自己稍感满足，但说这种感觉是快乐和愉悦更为恰当。快乐是因为我们对我们所生活的世界逐渐有了真正的认识，愉悦也许是因为在茫茫宇宙中，真正的意识初露锋芒。了解亚当旅途上的细节非但不会削弱我们的地位，反而让我们每个人都能承载那样真正珍贵的东西——生命本身的遗传、生物和文化遗产。进化描绘的不是亚当之死，而是他胜利的姿态。这就是人类故事的伟大之处。

技术附录　2号染色体的融合位点

　　本书第二章对人类2号染色体的融合位点进行了综述。如果有人对这部分有更高技术含量的内容感兴趣的话，我已经把它放在这个附录里了。

　　1982年，明尼苏达大学医学院的约格·尤尼斯和奥姆·普拉卡希决定对人类、黑猩猩、大猩猩和红毛猩猩的染色体进行比较研究。两人首先将染色体摊开着色，显示其内部带状图案，然后分组放在光学显微镜下拍照，把每一组与其他三组对应的染色体排列对照（见图2-5）。研究结果表明"大多数染色体带型都十分相似"，也就是说这些样本所代表的物种有一个共同祖先。他们打算利用这些相似性重建这个共同祖先的染色体组织。人类有23对染色体[1]，两人认为在现代人和那个共同的古人类祖先身上，这23对染色体中有18对"实际上是一模一样的"，剩下的几对"略有不同"。有几项研究表明，一个物种的染色体的某些部分会在另一个物种体内发生翻转。但最显著的差异出现在人类2号染色体的结构上。

　　起初在其他类人猿的染色体中似乎没有与之匹配的样本，但当尤尼斯和普拉卡希再仔细观察时，他们发现 2 号染色体中的一条确实与其他物种的染色体相配。人类 2 号染色体的两个部分分别对应黑猩猩（以及大猩猩和红毛猩猩）的两条独立染色体，这表明人类的 2 号染色体是由这些独立的染色体首尾相接融合形成的。尤尼斯和普拉卡希担心打印出来的显微照片不够清晰，还专门附上了带型图（见图 9–1）。

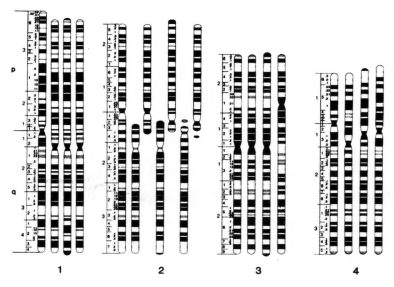

图 9-1 灵长目动物染色体的带型示意图

1、2、3、4 号依次为人类、黑猩猩、大猩猩和红毛猩猩的 1~4 号染色体的带型示意图。请注意人类 2 号染色体的两个部分与其他灵长目动物体内仍然独立的染色体是对应的。

两位研究者认为："人类和黑猩猩有共同祖先的证据源于 2 号染色体。"原因何在？因为对人类 2 号染色体的起源最直接的解释是两条染色体的首尾融合，而这两条染色体在人类的灵长目近亲体内仍是两两独立的。染色体的两端被称为"端粒"，所以这个现象被叫作"端

　　　　　　　　　　　　　　　　人类的本能

粒融合"。我将在后文做详细介绍。

1982 年，尤尼斯和普拉卡希（或者其他研究员）能用来比较类人猿染色体的最佳技术就是光学显微镜。如前所述，这次对比仅限于这些染色体的带型，只提供了可能位于染色体下方的基因序列的线索。但如今我们手中已经掌握这些物种完整的基因组 DNA 序列，可以进行更复杂的比较。

例如，你可以在任何一个基因组数据库网站直接分析这些染色体之间的异同。其中有一个名为 Ensembl 的站点能访问由几个研究机构共同维护的一系列基因数据库，登录 www.ensemble.org 即可快速浏览。首先，所有用户可以点击"人类基因组"，然后查看所有 23 对染色体的核型，最后点击 2 号染色体。如果你有足够的时间，也可以把 2 号染色体上碱基对的 DNA 浏览一遍。用户还可以对人类染色体和其他物种染色体之间的遗传"同线性"进行复杂的对比分析。同线性是指基因和 DNA 序列的顺序在两个物种的染色体之间排列的程度。通过数据库分析人类 2 号染色体与黑猩猩基因组的同线性，就会出现这样的图像（见图 9-2）。

正如尤尼斯和普拉卡希所推断的那样，虽然有与其他 3 条染色体片段匹配的微小片段，但几乎所有的人类 2 号染色体都与黑猩猩基因组中的两条染色体匹配，现在我们把这两条染色体称为 2A 和 2B。在过去的某个时刻，这两条染色体曾合为一体产生了人类的 2 号染色体，而融合位点两侧的同线性和基因序列基本被保留下来。事实上，如果深入研究一下 Ensembl 的染色体图谱，就会发现融合位点两侧特定基因的顺序确实被保留了下来。这个顺序是：

IL1RN-PSD4-PAX8-CBWD2-Fusion-RABL2A-SLC35F5-ACTR3-DPP10

融合位点左侧的基因位于黑猩猩 2A 染色体的一端，而右侧的基因则与黑猩猩 2B 染色体相匹配。如图 9-2 所示，我们确实拥有一条由灵长目近亲中仍然独立的两条染色体融合而成的染色体。由此证明，尤尼斯和普拉卡希的推断是正确的。

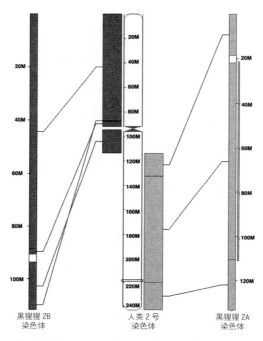

图 9-2　Emsembl 的比对分析显示了人类 2 号染色体与黑猩猩染色体 2A 和 2B 的同线性

那么是否存在这样一个假设的融合位点呢？两条染色体的融合必须由染色体的两端，即"端粒"参与。线性 DNA 分子的两端就像人类染色体的末端一样，出了名地难复制，而复制是一个细胞在分裂成两个子细胞之前必须完成的。这有其技术上的原因，主要是 DNA 聚合酶（复制 DNA 的酶）在沿着染色体移动时起作用的方式使然，也因为复制时困难重重，端粒区域的 DNA 序列会被另一种被称作端粒酶的蛋白质

人类的本能

复制。端粒酶与 DNA 聚合酶的复制方式不同，它会把实际上并不编码的 DNA 的重复长片段串在一起。人类和其他灵长目动物体内的端粒酶可以复制数百个"六碱基"序列 TAAGGG。所以，如果你看到人类端粒区的碱基，你就会发现这个序列在不断重复，就像这样：

……TAAGGGTAAGGGTAAGGGTAAGGGTAAGGG……

实际上，因为 DNA 是双链结构，如果你把两条链放在一起观察，你就会看到这样一个区域：

……TAAGGGTAAGGGTAAGGGTAAGGGTAAGGG……
……ATTCCCATTCCCATTCCCATTCCCATTCCC……

如果人类 2 号染色体确实是由两条染色体融合而成的，那么来自原始染色体的两组端粒序列应该在融合的那一刻被挤压在一起。在 1982 年（尤尼斯和普拉卡希进行研究的那一年）没有办法对此进行检测，不过一旦包括 2 号染色体在内的人类基因组通过人类基因组计划进行测序，就有可能一探究竟。今天，我们有能力读取几乎整个染色体的 DNA 碱基序列，寻找那些通常不易被发现的端粒重复序列，它们就藏在染色体中。果然，我们发现在染色体中间，恰好在融合位点上，有一个区域大约有 150 个这样的端粒重复序列。其实我们甚至有可能确定融合发生的确切碱基位置：该染色体末端的 113 602 928 个碱基（根据最新的人类 DNA 序列）。但我们敢肯定是这个位置吗？这么说吧，2 号染色体与黑猩猩的染色体 2A 和 2B 在融合位点两侧的同线性应该就是确凿的证据。

然而，从 1991 年耶鲁大学的一个研究小组提供的证据来看，有第二个更令人信服的证据。[2] 如果两条染色体的端粒区域要交融在一起，在融合位点的 DNA 碱基模式应该会出现一次剧变。我们看到的人类端粒重复序列是 TAAGGG，还记得吗？如果端粒合二为一，融合位点的序列为了匹配对面的 DNA 链，应该会发生变化，具体的排列应该是 CCCTTA，因为在融合位点的染色体两两对齐时，其中一条会发生 180 度左右的翻转。如果仔细观察 2 号染色体，就会发现在融合位点确实存在这样的组合：

······TTAGGG-TTAGGG-TTAG-CTAA-CCCTAA-CCCTAA······

我们在不少于 158 个端粒重复序列中发现了 TTAGGG 到 CCCTAA 组合的转变。以往只能给染色体拍低分辨率快照的技术如今已经发展到分子水平——我们对这个融合故事的每一步都了如指掌。

2 号染色体的故事简单、清晰、易懂，因此引人入胜。但对那些否认人类进化的人来说，这就是一个严重的问题。2005 年，奇兹米勒诉多佛学区案的审判可谓里程碑式的事件。自从我将进化论作为其中一个论据[3]，反对派就一直想找到驳斥这个故事的理由，并破坏其背后的科学依据。

其中有人认为，在融合位点上，六碱基端粒重复序列的副本太少了。一个典型的人类染色体端粒可能有 1 000 多个副本，而融合位点上只有不到 200 个。事实证明，这个数量是可以预测的，因为端粒的其中一个功能是防止染色体融合。有研究表明，当端粒重复序列的数量减少时，融合现象会更频繁。[4] 因此，在 2 号染色体位点较少的重复序列数量，实际上就应该预示着两条染色体的融合，因为它们在端粒处的 DNA 已经消失了。

一些批评者顺势指出，2 号染色体上的重复现象并不完全与 TTAGGG 模式匹配。在所谓融合位点周围的 158 个重复序列中，许多都是"退化而成"的。有些会复制成相当于5个碱基的长度，有的则会变成7个。有些排列成TAGGGG，或GTAGGG，或TTGGGGGG，而不是原来的TTAGGG。但这完全说得通，端粒酶这种能产生整齐划一的六碱基重复序列的酶只在染色体的末端起作用。一旦两条染色体融合，端粒在染色体中间合为一体，各种力量就会控制这种变化，减少重复序列的数量。这些重复序列会导致复制错误和突变，染色体之间的重组也会让每个重复序列的碱基数量发生变化。染色体融合早在几百万年前就已出现，我们今天希望看到的恰是一种退化的重复序列模式。

创世研究所发表的一篇论文[5]指出，一个活跃的基因所在的位置就是所谓的融合位点，因此2号染色体的所有"故事"都是伪造的。之所以有这种说法，是因为一个位于融合位点附近、名为DDX11L2的假基因在作祟。一些基因组数据库显示，这个基因被转录成一个实际上横跨所谓融合位点的RNA分子。因此，这根本不是融合位点，而是人类基因组"设计"的一个复杂工作基因的一部分。

这是一个很有趣的想法，但最终它的反作用非常明显。我对当下的基因组数据库做了一番解读，认为这个特别的基因并不横跨融合位点，而是恰好在它一旁。这当然是个假基因，我们尚不知道其功能（如果它存在的话）。有些数据库中的DDX11L2确实显示了一次记录在案、经过融合位点的RNA转录，但同时还显示了其他东西。一篇发表于2009年的研究论文[6]指出，人类基因组中散布着一个涵盖18种假基因的家族，DDX11L2也是其中一员。你能猜到这18种假基因中的其他17种在哪里吗？它们都紧挨着其他染色体的端粒，唯一的例外是位于2号染色体融合位点的假基因。实际上这确凿地证明了它一如融合的故事所说，也曾是端粒的一部分。

它的位置甚至更优越。在每个 DDX11L 假基因旁边都有一个缩写为 WASH[7] 的家族基因，它位于 DDX11L 远离端粒的一侧。在 2 号染色体中间、DDX11L2 旁边也有一个 WASH 基因，它跟你以为的一样，位于融合位点退化端粒序列的一侧。最后，在人类基因组的 18 个位置上，DDX11L 假基因的转录方向都与端粒相反，而 WASH 基因的转录方向都与端粒相同（见图 9-3）。2 号染色体融合位点附近的这些基因的复制品也是如此。事实上，DDX11L2 基因周围的每个标记都表明它一度位于染色体端粒附近。

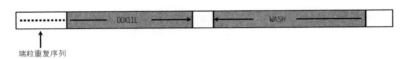

端粒重复序列

图 9-3 DDX11L、WASH 与端粒重复序列

DDX11L 假基因家族所有成员的一侧是端粒重复序列，另一侧是一个转录方向相反的 WASH 基因。其中包括位于 2 号染色体融合位点的假基因 DDX11L2，这证实了它诞生于最原始的端粒区域。

创世研究所的文章通过分析 DDX11L2 假基因的位置，认为"人类 2 号染色体融合是进化而来的观点应该被完全抛弃"。它令人瞩目的讽刺之处在于文章中引用的观察结果实际上为融合提供了更有力的证据。论文指出，这个位点里有一对与分布于人类基因组各处的端粒相邻的基因，这样其实对于证实 2 号染色体的上述研究结果起了重要作用。

有学者认为染色体的融合是完全不可能的，否则就会导致不育，拥有这类染色体的人将无法生育后代。所以尽管有分子水平的证据摆在眼前，但融合是不可能发生的。当我第一次听到这种说法时，我给这群学者讲明了一个事实：许多动物身上都存在类似的融合现象，而

人类的本能

且这一点已经得到充分探究。老鼠体内就尤为常见，科学家在马身上也进行了深入的研究。家马有 64 条染色体，而现存最后一批真正的亚洲野马（被称为普氏野马）种群拥有 66 条染色体，是所有马种中染色体最多的。驴只有 62 条染色体，而这三种共祖的动物之间的差异其实都可以追溯到染色体融合和易位。

但更有力的证据是人类的基因数据。虽然染色体融合最初可能会影响生育能力，但这种情况似乎不会长期存在。一份中国学者写于 2013 年的报告显示，一名 25 岁的健康男性体内只有 44 条染色体。该报告还附有一张该男子染色体核型的显微照片，照片中是一条由 14 号和 15 号染色体融合而成的大型染色体。[8] 20 年前，西班牙的一项研究为这种观点提供了佐证，它记录了一个家庭中完全健康的 3 名成员的 13 号和 14 号染色体的融合过程。[9] 这项研究认为养育 6 个子女的父母双方体内都有这两种染色体融合而成的染色体。其中的 3 个孩子从父母处继承了一对融合了的染色体，这使他们的染色体总数减少到 44 条。

当今在人类体内发生的类似融合，说明针对染色体的苟延残喘、不顾一切的反驳显然是捕风捉影。然而否认的声音仍在回荡，许多人对这种说法的反对的强烈程度令人咋舌。最重要的是，这可能也道出了进化论的批判者对 2 号染色体证据的可靠性有多么恐惧。我想我们应该把这看作对许多科学家和科学作家努力传播这一信息的一种褒奖。但这也证明了人类进化叙事继续遭到抵制的一种狂热。

注　释

前言　我们的故事

1. 有关奇兹米勒诉多佛学区案的著作包括：*40 Days and 40 Nights*, by Matthew Chapman; *Monkey Girl*, by Edward Humes; *The Devil in Dover*, by Lauri Lebo; *The Battle Over the Meaning of Everything*, by Gordie Slack。有两档电视节目也把奇兹米勒诉多佛学区案的审判搬上了荧幕，一部是由英国广播公司推出的 *A War on Science*，另一部是美国公共电视网播送的系列科教节目 *NOVA*，其中一集名为 "Judgment Day"，用 2 个小时向我们展示了该审判的细节。

2. Harris, *Free Will*, 13.

3. S. Pinker, "Science is not your enemy", *The New Republic*, August 6, 2013.

第一章　生命的恢宏

1. 引自：Darwin, *On the Origin of Species*, 759。注：此页源于爱德华·威尔逊编撰收集的多部达尔文著作：*From So Simple a Beginning* (New York: Norton, 2009)。

2. 同上，第 760 页。

3. 同上。

4. 同上。

5. 该漫画出现在 1882 年的《笨拙画报》(*Punch Magazine*) 封面上，1881 年 12 月 6 日出版。

6. McEwan, *Saturday*, 56.

7. 同上。

8. Shapiro, *Trying Biology: The Scopes Trial, Textbooks, and the Antievolution Movement in American Schools.*

9. 引自关于 *Inherit the Wind* 的维基百科文章。它被认为是 1996 年刊登在《新闻日报》上的一则故事，百老汇更是把这个故事搬上了舞台。

10. 技术错漏指法官判定罚款为 100 美元，而田纳西州当时的法律规定，任何超过 50 美元的罚款都必须由陪审团裁决。因此，虽然法官驳回了罚款和定罪，但并没有推翻裁定结果，当然也没有找到对斯科普斯有利的证据。

11. 这项民意调查是由得克萨斯大学和《得克萨斯论坛报》（*Texas Tribune*）共同发起的。调查在 2010 年冬进行，有 800 名登记在册的选民参加。此处引用的民调结果参见：https://texaspolitics.utexas.edu/sites/texaspolitics.utexas.edu/files/201002-summary-all.pdf。

12. 顺便说一句，我和大多数科学家都不同意"完全通过自然选择"这种说法。在进化的背后有许多力量在起作用，自然选择只是其中之一。后文会涉及更多相关内容。

13. Shermer, In *Darwin's Shadow*, 220.

14. 本段中的引文摘自迈克尔·舍默的如上著作 In *Darwin's Shadow*，第 160 页。舍默对此文来源的注解为：April 28, 1869; in Lyell, v. ii, 442。

15. 摘自迈克尔·舍默著作，第 158 页。舍默标注：April 28, 1869; in Lyell, v. ii, 391–392。（这是华莱士出版于 1905 年的自传 *My Life*。）

16. Shermer, In *Darwin's Shadow*, 160.

17. 由约翰·邓普顿基金会于 2010 年出版的《进化能解释人性吗？》（*Does Evolution Explain Human Nature*）对柯林斯的观点做了精彩的总结。关于柯林斯的文章在其第 16～18 页。

18. T. Lombrozo, "Can science deliver the benefits of religion?" Boston Review, August 7, 2013.

19. S. K. Brem, M. Ranney, and J. Schindel, "Perceived consequences of evolution: College student perceive negative personal and social impact in evolutionary theory", *Science Education* 87 (2003): 181–206.

20. Robinson, *The Death of Adam*, 30–31.

21. 同上。

22. Kimball, "John Calvin got a bad rap", *New York Times Review of Books*, February 7, 1999.

23. Robinson, *The Death of Adam*, 74–75.

24. R. Dawkins, *River Out of Eden*, 133.

25. 该言论为 2013 年 1 月 5 日，天文学家奈尔·德葛拉司·泰森在优兔上发布的一段视频的文字记录，视频参见：https://www.youtube.com/watch?v=ZkIEkejNF-8。

26. S. J. Gould, "Spin-doctoring Darwin", *Natural History* 104 (July 1995): 6–9.

27. H. Gee, *The Accidental Species*, 9.

28. 同上，第 12 页。

29. 同上，第 106 页。

30. J. Mascaro et al., "Testicular volume is inversely correlated with nurturing-related brain activity in human fathers", *Proceedings of the National Academy of Sciences* 110 (2013): 15746–15751.

31. 这是位于纽约罗切斯特的智库机构"进化研究所"提出的"城市倡议"（Urban Initiative），主导人为进化心理学家戴维·斯隆·威尔逊。

32. 会议主题为"20 世纪的两种文化"（The Two Cultures in the Twentieth Century），于 2009 年 5 月 9 日在纽约科学院举行。

33. Harris, *Free Will*, 47.

34. 给威廉·格雷厄姆的信，1881 年 7 月 3 日。摘自达尔文书信集，参见：darwinproject. ac.uk/letter/entry-13230。

第二章 所言非虚

1. 不论是耶稣会的古生物学家德日进（皮埃尔·泰亚尔·德·夏尔丹），还是福尔摩斯系列小说的作者柯南道尔，许多人都成为皮尔当人造假案的犯罪嫌疑人。但如今已证实，是查尔斯·道森（炮制所谓皮尔当人化石的人）独自实施了这一骗局。2016 年 8 月 12 日《科学》杂志（第 353 期，第 629 页）刊登了一份简短的、没有署名的报告，它针对这个出现在《英国皇家学会期刊》上的骗局提供了一份更翔实的研究：

De Groote, I. et al., "New genetic and morphological evidence suggests a single hoaxer created 'Piltdown man' ", *Royal Society Open Science 3* (2016): 160328。

2. 关于德马尼西遗址的发现以及后续研究，参见：http://www.dmanisi.ge/。

3. 戴维·洛尔德基帕尼泽等人的论文揭示了这项研究的细节：D. Lordkipanidze et al., "A complete skull from Dmanisi, Georgia, and the evolutionary biology of early Homo", *Science* 342 (2013): 326–331。

4. 此观点出现在一篇刊于 2014 年，有关智人特有的一系列特征的文章中，它总结道：与德马尼西化石同时期存在的至少有 3 个不同的人类谱系。参见：S. C. Antón et al., "Evolution of early Homo: An integrated biological perspective", *Science* 344 (2014): 1236828。

5. 这些说法源于布莱恩·托马斯和弗兰克·舍温共同撰写的网页，该网页由创世研究所赞助创建，于 2013 年首次发布，并于 2016 年 1 月开放访问，参见：http://www.icr.org/article/human-like-fossil-menagerie-stuns-scientists/。

6. B. Thomas, "New 'human' fossil borders on fraud", 2013. The article, posted on November 13, 2013, appeared at: http://www.icr.org/article/new-human-fossil-borders-fraud/.

7. 参见：Miller, *Only a Theory*，第 95 页。关于创造论者对德马尼西化石的反应及其讨论在书中第 93～95 页。

8. Miller, *Only a Theory*, 95.

9. C. DeMiguel and M. Hennenberg, "Variation in hominid brain size: How much is due to method?" *Homo* 52 (2001): 3–58.

10. 这一领域的历史学家对新达尔文主义（现代进化综论）何时和如何出现的看法略有不同。但学术界似乎达成了一个普遍共识：新达尔文主义是在 20 世纪 30 年代末至 40 年代初发展起来的。朱利安·赫胥黎在 1942 年出版的《进化：现代综合》（*Evolution: the Modern Synthesis*）一书或许为创造这个术语出了一份力。然而，这些最新的进化论显然在 DNA 被普遍理解为遗传分子之前就已经存在了。

11. 最近一项解释这些功能的研究参见：C. Freyer and M. Renfree, "The mammalian yolk sac placenta", *Journal of Experimental Zoology* (2009) 312B: 545–554。他们总结说："兽亚纲祖先中主干物种的卵黄囊的代谢和生物合成功能，以及真兽下纲祖先的造血功能似乎在人类卵黄囊中保留了下来。"所以尽管与产生大卵黄的脊椎动物相比，人

人类的本能

类卵黄囊的体积有了很大的改变，但其功能无疑尚存。

12. 当然这过度简化了基因表达的实际过程。为了方便读者阅读，我跳过了转录因子、RNA 聚合酶、RNA 剪接、RNA 编辑和多聚腺苷酸化等内容，以及信使 RNA、转移 RNA 和核糖体 RNA 等术语。当然，有兴趣的读者可以查阅高中或大学的普通生物学课本，就可以找到关于基因表达和蛋白质合成的详细资料。我的主要目的只是让非科班的读者了解那些有助于解释人类基因组中卵黄基因残留故事的基因、RNA 和蛋白质之间的关系。

13. 这 项 研 究 来 源 于：D. Brawand et al., "Loss of egg yolk genes in mammals and the origin of lactation and placentation", PLoS Biology 6 (2008): e63。

14. Gould, *The Panda's Thumb*, 28–29.

15. 事实证明，随着对数据研究的深入，情况变得更加明朗。通过比较不同物质基因组中功能性 VIT 基因的缺失，研究员能估算出这些序列在多久以前被转化为假基因。他们发现乳蛋白的基因（酪蛋白）就像那几个 VIT 序列中的第一个一样丧失了功能。在强调这一发现的重要性时，他们说这些数据与一个模型一致，在这个模型中，泌乳（即产奶）功能首先会出现在所有哺乳类的共同祖先体内，然后随着乳汁的增加，卵黄作为胚胎发育的养分来源的重要性会逐渐降低。这个基因功能的故事的各个元素都在时空和进化历史的框架汇总以一种不同寻常的方式组合在一起。

16. Fairbanks, *Relics of Eden*.

17. Fairbanks, *Evolving: The Human Effect and Why It Matters*.

18. 加工过的假基因很容易识别。当一个典型基因的 DNA 序列被转录（复制成 RNA）时，它包含的区域被称为基因内区（当中会有序列插入），在 RNA 被实际用于指导蛋白质合成之前，基因内区会被剪切掉，并进一步移除。RNA 分子经过上述处理被复制变回 DNA 时，所得的假基因就失去了基因内区结构。因此，因 DNA 复制错误产生的假基因通常包含这些内区序列，加工过的假基因则没有。

19. 数据来源：D. J. Fairbanks et al., "NANOGP8: Evolution of a human-specific retro-oncogene", *G32* (2012): 1447–1457。

20. H. A. Booth and P. W. Holland, "Eleven daughters of NANOG", *Genomics* 84 (2004): 229–238.

21. 着丝粒也是染色体在细胞分裂前、被复制后短暂互相连接的位置，是每条复制的染色体和有丝分裂纺锤体纤维之间形成连接的节点，在细胞分裂过程中，有丝分裂的纺锤体将复制的染色体分开。

22. 这项研究被刊登在 2005 年的一篇论文中：L. Hillier et al., "Generation and annotation of the DNA sequences of human chromosomes 2 and 4", *Nature* 434 (2005): 724–731。

第三章 机遇与奇迹

1. 关于该隐生活的这些令人不解的细节源于《创世记》第 4 章第 13～17 节。

2. 这部作品的主要目的之一是阐明《创世记》中的一些故事。佩雷尔认为《创世记》把亚当和夏娃说成了犹太人唯一的祖先。在亚当之前出现的先民的存在不仅揭开了《创世记》中的某些秘密（比如该隐妻子的起源），还为原住民的缘起提供了答案（比如美洲原住民部落由何而来），这似乎与《创世记》的故事并不相符。

3. 林奈原名为卡尔·冯·林奈。但其作品以拉丁文出版，所以往往会附加其拉丁语名字。

4. 我参考维基百科上的一段摘录，再加上自己蹩脚的高中拉丁文知识，把林奈的一段话翻译出来。林奈信中这部分的拉丁语原文是：Non placet, quod Hominem inter anthropomorpha collocaverim, sed homo noscit se ipsum. Removeamus vocabula. Mihi perinde erit, quo nomine utamur. Sed quaero a Te et Toto orbe differentiam genericam inter hominem et Simiam, quae ex principiis Historiae naturalis. Ego certissime nullam novi. Utinam aliquis mihi unicam diceret。

5. 拉丁语原文为：Si vocassem hominem simiam vel vice versa omnes in me conjecissem theologos. Debuissem forte ex lege artis。

6. 拉丁语原文：Quam ampla sunt Tua Opera! Quam sapienter Ea fecisti! Quam plena est Terra possessione Tua。

7. Huxley, *Evidence As to Man's Place in Nature*, 125.

8. 这幅漫画于 1871 年 8 月 19 日刊登在《哈泼斯杂志》第 776 页。为了阐明自己的观点，纳斯特把这只"大猩猩"放在了防止虐待动物协会的办公室门前。

9. 这幅题为"对达尔文理论的逻辑反驳"的漫画发表于 1871 年 4 月 1 日，第 130 页。

10. *Hornet magazine*, March 22, 1871.

11. *Le Petite Lune*, August 1878.

12. Darwin, *The Descent of Man*, 186.

13. 参见上一条注释文献：Darwin, *The Descent of Man*，第 202 页。查尔斯·莱尔在这段引语中提到的讨论可在两本书中找到：Lyell, *Elements of Geology*, 583–585, and Lyell, *Antiquity of Man*, 145。

14. 同上，第 200 页。

15. T. Huxley, "On fossil remains of man", *Proceedings of the Royal Institution of Great Britain* 3 (1862): 420–422.

16. 这幅草图由达尔文亲手绘制于 1868 年 4 月 21 日。

17. 杜布瓦本人选择了一个属名 *Pithecanthropus*，意为 "猿人"。

18. R. Dart, "*Australopithecus africanus*: The man-ape of South Africa", *Nature* 115 (1925): 195–199.

19. Howell, *Early Man*.

20. 在扎林格完成《进化的历程》的同时，他还在耶鲁皮博迪博物馆绘制了一幅 110 英尺（约 33.53 米）高的壁画《爬行动物时代》，这是迄今为止最宏伟的科学艺术项目之一。

21. 如果说我当年的记忆犹新，那也是有充分理由的。1964 年夏，我是童子军展区的一员，负责带游客参观童子军展区，为来访的达官显贵充当仪仗队，并向他们展示童子军的技艺和露营技巧。来自全国各地的童子军被组团带到附近的军事基地，并在服务团中进行为期两周的巡回演出。我们每天在自己所在的展区进行 4 小时展示，剩下的时间则用来参观世博会、享受游乐设施、品尝美食、结识国际游客，感受这个地方的总体氛围。结果，我和朋友们将大大小小的展览看了足有四五次，甚至不下 6 次。

22. Sawyer and Deak, *The Last Human*.

23. 同上，第 18 页。

24. 同上，第 19 页。

25. Gould, Bully for Brontosaurus.

26. 该图展示了马的线性进化，以及从最初的单一物种到单一现代物种（马）的直接联系。引自：W. Matthew, "The evolution of the horse: A record and its interpretation", Quarterly Review of Biology1 (1926): 139–185。

27. B. MacFadden, "Fossil horses—Evidence for evolution", Science 307 (2005): 1728–1730.

28. Gould, Bully for Brontosaurus, 181.

29. Switek, Written in Stone. Evolution, the Fossil Record, and Our Place in Nature, 264.

30. 显微镜能让我们"看到"的细节多少往往是由它的分辨率预先设定的，也就是两个物体之间的最小距离。对于透射电子显微镜，这个距离一般是 0.2 纳米。1 纳米＝$2×10^{-9}$ 米，与某些原子的直径相当接近。然而由于技术原因，生物材料在这种水平的分辨率下难以观察。例如，观察细胞薄片通常能达到的最佳分辨率大约是其 10 倍，即为 2 纳米。虽然我们不能在这种有限的条件下看到分子，但它确实清楚地显示了大量的细胞，这就使它能够非常清晰地展现出生物的复杂性。

31. 从技术层面上看，我们不能在透射电子显微镜下观察真正的"活"细胞，因为活的组织通常要经过化学稳定处理，然后脱水，显微镜内部存在高真空状态，所以组织需要切成非常薄的片状。但多年来，这些制备技术已经被改进到我们能确信所看到的确实与活细胞的结构相一致的程度。

32. F. deWaal, "Obviously, says the monkey", an essay in Does Evolution Explain Human Nature (West Conshohocken, PA: John Templeton Foundation, 2009).

33. 同上。

34. Gould, Wonderful Life: The Burgess Shale and the Nature of History.

35. 同上，第 318 页。

36. Gee, The Accidental Species, 323.

37. H. Gee, "Brian Cox's human universe presents a fatally flawed view of evolution", The Guardian, October 14, 2014.

38. Gee, The Accidental Species, 189.

39. 同上，第 252 页。

40. E. Mayr, "The idea of teleology", Journal of the History of Ideas, 53 (1992): 117–135.

人类的本能

41. Gee, *The Accidental Species*, 69.

42. 道金斯在《伊甸园之河》(*River Out of Eden*) 一书中完整地引用了这句话："我们所观测的宇宙恰恰具有我们理应料到的特质，就其根本而言，无所谓设计，无所谓目的，无所谓善恶，只有盲目而残忍的冷漠。"

第四章 万物解释者

1. Brownmiller, *Against Our Will: Men, Women and Rape.*

2. 同上，第 15 页。

3. 同上，第 12 页。

4. 例 如：R. Bailey et al. "Rape behavior in blue-winged teal", *Auk* 95 (1978): 188–190, M. Muller and R. Wrangham, *Sexual Coercion in Primates and Humans* 中有关我们近亲的强奸行为的描述，在鸭子、青蛙甚至某种蠕虫和苍蝇身上也有类似的行为。

5. 人类学家唐纳德·西蒙斯（Donald Symons）在其划时代著作《人类性行为的演变》(*The Evolution of Human Sexuality*) 中明确反对这一观点。

6. R. Thornhill and C. T. Palmer, *A Natural History of Rape: Biological Bases of Sexual Coercion.*

7. 同上，第 12 页。

8. 同上。

9. S. Begley, "Why do we rape, kill, and sleep around?" *Newsweek*, June19, 2009.

10. 我参加了这场名为"下定决心——进化论者应该承认创造"的辩论，这场辩论于 1997 年 12 月 4 日在西东大学举行。这段引文摘自美国公共电视网的一段视频。

11. Thornhill and Barnes, A Natural History of Rape, 7.

12. 值得注意的是，J.B.S. 霍尔丹早在 1932 年就在《进化的原因》(*The Causes of Evolution*) 中提出了解决方法："只要利他行为有助于后代和近亲的生存，它就是一种达尔文式的适者生存，并可能作为自然选择的结果而传播开来。"然而，霍尔丹并没有像汉密尔顿几年后所做的那样，把这种直觉建立在理论基础上。

13. 这些论文分别为：W. D. Hamilton, "The genetical evolution of social behaviour. I", *J. Theor.*

*Biol.*7 (1964): 1–1, and W. D. Hamilton, "The genetical evolution of social behaviour. II", *J. Theor. Biol.* 7 (1964): 17–52.

14. 史蒂文斯是一位杰出的科学家，在遗传学史上，人们却经常忽略了她的故事。她决心进入遗传学的新领域，在高中教了几年书后，去了斯坦福大学，后来在布林莫尔学院获得博士学位。在那里她开始与现代遗传学的先驱托马斯·亨特·摩尔根（Thomas Hunt Morgan）合作。史蒂文斯还发现了 Y 染色体，为我们目前对性遗传的理解铺平了道路。

15. Wilson, *The Insect Societies*, 1.

16. Wilson, Sociobiology: *The New Synthesis.*

17. E. Allen et al., "Against 'Sociobiology' ", *New York Review of Books*, November 13, 1975.

18. Wilson, *Naturalist*, 348–350.

19. Wilson, *On Human Nature*. 20.

20. 同上，第 169 页。

21. 同上，第 192 页。

22. 少数人认为进化心理学不过是社会生物学的"政治正确"版本。这种指责或许有一定道理，但更准确的说法是，进化心理学的目标比社会生物学更广，因为它们涵盖了社会行为和所有的心理学。

23. 这段话摘自戴维·斯隆·威尔逊创立的进化研究所的主页。浏览日期为 2015 年 1 月 29 日。参见：https://evolution-institute.org/blog/welcome-to-the-evolutionary-blogosphere/。

24. 例如，驱动大肠杆菌这种常见的肠道细菌的感官系统在以下文章中有所提及：B. Ahmer, "Cell-to-cell signalling in Escherichia coli and Salmonella enterica", *Mol. Microbiol.* 52(4) (2004): 933–945。

25. 这个基因的非突变副本的技术指标是"无后基因"（fru）。如果这样的果蝇从未生育后代，那么这种无果的突变是如何持续的？答案是：无果是隐性基因，也就是说它必须在两个副本中出现，才能发挥作用。因此，只有一个突变副本的果蝇，无论是雄性还是雌性，都可以交配并生育后代，其中许多后代会携带两个突变副本。

26. L. Ryner et al., "Control of male sexual behavior and sexual orientation in *rosophila by the fruitless* gene", *Cell* 87 (1996): 1079–1089.

27. C. Burr, "Homosexuality and biology", *The Atlantic*, June1997.

28. 例如，1996 年 12 月 13 日，科学作家尼古拉斯·韦德在《纽约时报》上发表了一篇文章"果蝇的交配行为可以追溯到单个基因"（Mating game of fruit fly is traced to a single gene）。韦德敢于推测"一个相关的基因可能在人类中起作用的可能性，虽然人和果蝇天差地别，但也有许多重要的基因非常相似"。

29. 对于一种名为锌指蛋白的转录因子进行无果编码，它可以与基因组中的其他区域和活跃的特定基因组结合。

30. T. Shirango et al., "A double-switch system regulates male courtship behavior in male and female Drosophila melanogaster", *Nature Genetics* 38 (2006): 1435–1439.

31. 举其他的例子来说，比如威廉·布莱克开篇所引，参见：R. J. Greenspan and H. A. Dierick, " 'Am I not a fly like thee?' From genes in fruit flies to behavior in human", *Human Molecular Genetics* 13 (2004): R267–R272。

32. Öhman and S. Mineka, "The malicious serpent: Snakes as a prototypical stimulus for an evolved module of fear", *Psychological Science* 12 (2003): 5–9.

33. J. C. Confer et al., "Evolutionary psychology: Controversies, questions, prospects, and limitations", *American Psychologist* 65 (2010): 221–126.

34. 关于该研究的详尽细节见：E. O. Wilson's book, Consilience, pp.188–196。实际研究的原始参考文献是：A. P. Wolf, "Childhood association and sexual attraction: A further test of the Westermark hypothesis", *American Anthropologist* 72 (1970): 503–515。

35. 这些研究的例子有：David Perrett et al., "Symmetry and uman facial attractiveness", *Evolution & Human Behavior* 20 (1999): 295–307. K. Grammer and R. Thornhill", Human (*Homo sapiens*) facial attractiveness and sexual selection: The role of symmetry and averageness", *Journal of Comparative Psychology* 108(3) (1994): 233–42. B. C. Jones, et al., "Facial symmetry and judgements of apparent health support for a 'good genes' explanation of the attractiveness-symmetry relationship", *Evolution & Human Behavior* 22 (2001): 417–429。

36. Leach, "Shopping is 'throwback to days of cavewomen' ", *The Telegraph*, February 25, 2009.

注 释

37. Kruger and D. Byker, "Evolved foraging psychology underlies sex differences in shopping experiences and behaviors", *J. Social, Evolutionary, and Cultural Psychology* 3 (2009): 328–342.

38. 这段话摘自美国广播公司（ABC）的在线新闻报道，由李·戴伊于 2009 年 12 月 9 日报道，2016 年 1 月 6 日线上刊登：http://abcnews.go.com/technology/DyeHard/ women-love-shop-men-dont-blame-evolution/story?id=9281875。

39. 摘自拉里·莫兰的博客：Sandwalk。2016 年 1 月 6 日线上刊登：http://sandwalk. blogspot.com/2009/03/shoppings-throwback-days-of.html。

40. A. Smith et al., "Controversies in the evolutionary social science: A guide for the perplexed", *Trends in Ecology and Evolution* 16 (2001): 128–135.

41. 引用自莎伦·贝格利的文章，"Why do we rape, kill, and sleep around?" *Newsweek*, June 19, 2009。

42. 豪泽案件的总结：E. S. Reich, "Misconduct ruling is silent on intent", *Nature* 489 (2012): 189–190。

43. Hauser, *Moral Minds.*

44. 博主安娜莉·内维茨是一名记者，其主页为：http://io9.gizmodo.com/the-rise-of- evolutionary-psychology-douchebag-757550990。

45. Williams, *The Pony Fish's Glow*, 156–157.

46. M. Daly and M. I. Wilson, "An assessment of some proposed exceptions to the phenomenon of nepotistic discrimination against stepchildren", *Ann. Zool. Fennici* 38 (2001): 287–296.

47. Pinker, *How the Mind Works*, 207.

48. W Yu, and G. H. Shepard. "Is beauty in the eye of the beholder?" *Nature* 396 (1998): 321–322.

49. L. Germine et al., "Individual aesthetic preferences for faces are shaped mostly by environments, not genes", *Current Biology* 25 (2015): 2684–2689.

50. 演员约翰·克里斯在优兔上的这段独白：https://www.youtube.com/watch?v=mvnmejwxo。

51. Wilson, *Consilience*, 286.

第五章　猿猴之智

1. 摘自 1881 年 7 月 3 日达尔文写给威廉·格雷厄姆的信：Darwin Correspondence Project, "Letter no.13230", accessed on February 28, 2016。

2. Haldane, *Possible Worlds and Other Papers*, 286.

3. Shubin, *Your Inner Fish*.

4. Pinker, *How the Mind Works*, 21.

5. Zimmer, *Soul Made Flesh*.

6. Lewis, *The Weight of Glory and Other Addresses*, 139.

7. Haldane, *Possible Worlds*, 209.

8. Marcus, *Kluge: The Haphazard Construction of the Human Mind*.

9. F. de Waal, "Obviously, says the monkey"。摘自 2008 年由邓普顿基金会出版的小册子《进化能解释人性吗？》，可在线查阅：http://www.templeton.org/evolution。

10. de Waal, *Are We Smart Enough to Know How Smart Animals Are?*

11. de Waal, "Obviously, says the monkey".

12. Darwin, *On the Origin of Species*, 421.

13. S. Gould and R. Lewontin, "The spandrels of San Marco and the Panglossian paradigm: A critique of the adaptationist programme", *Proc. R. Soc. Lond. B.* 205 (1979): 581–598.

14. M. Florio, et al., "Human-specific gene ARHGAP11B promotes basal progenitor amplification and neocortex expansion", *Science* 347 (2015): 1465–1470.

15. H. Pontzer et al., "Metabolic acceleration and the evolution of human brain size and life history", *Nature* 533 (2016): 390–392。关于这项研究的精辟总结参见：A. Gibbons, "Why humans are the high-energy apes", *Science* 352 (2016): 639。

16. 我在布朗大学的同事、乔姆斯基的学生菲利普·利伯曼（Phillip Lieberman）在其整个职业生涯中一直在证明这一点，并简短总结在此文中：P. Lieberman, "Language

did not spring forth 100, 000 years ago", *PLoS Biology* 13(2) (2015): e1002064。

17. R. L. Buckner and F. M. Krienen, "The evolution of distributed association networks in the human brain", *Trends in Cognitive Sciences* 17 (2013): 648–665.

18. 同上，第 648 页。

19. C. Zimmer, "In the human brain, size really isn't everything", *New York Times*, December 31, 2013, p. D3.

20. 2014 年由约翰尼·德普主演的电影《超验骇客》就是一个例子。

21. R. Epstein, "The Empty Brain", *Aeon*, May 18, 2016.

22. 杰弗里·沙利特和我是 2005 年奇兹米勒诉多佛学区案原告的专家证人。因为多佛学校董事会的某个专家证人选择不做证，在作辩时并不需要沙利特的证词，所以他也没有出庭，但他仍然是团队中重要的一员。我们是支持原告多佛学生父母一方，他们是本案胜诉的关键。

23. 沙利特的文章网址：http://recursed.blogspot.com/2016/05/yes-your-brain-is-computer.html。

24. 参见科技作家亚历克斯·纳普（Alex Knapp）在《福布斯》杂志上发表的文章 " 为什么你的大脑不是一台电脑 "（Why your brain isn't a computer），2012 年 5 月 4 日。

25. K. D. Miller, "Will you ever be able to upload your brain", *New York Times*, October 10, 2015, p. SR6.

26. G. Marcus, "Face it. Your brain is a computer", *New York Times*, June 28, 2015, p. SR12.

27. 候选人是阿肯色州前州长迈克尔·赫卡比。2007 年 6 月 5 日，《纽约时报》刊登了共和党初选辩论的文字记录，参见：http://www.nytimes.com/2007/06/05/us/politics/05cnd-transcript.html。

28. Marcus, *Kluge*, 176.

29. Wilson, *Consilience*, 108.

30. Robinson, *Absence of Mind*, 112.

第六章　意识之流

1. 查莫斯在 2014 年 3 月的 TED 演讲"你如何解释意识？"（How do you explain consciousness?）中用了这个比喻，参见：https://www.talks/david_chalmers_how_do_you_explain_consciousness。

2. G. Johnson, "Science of Consciousness conference is carnival of the mind", *New York Times*, May 17, 2016, p. D5.

3. R. Nagel, Mind and Cosmos. *Why the Materialist Neo-Darwinian Conception of Nature Is Almost Certainly False* (New York: Oxford University Press, 2012).

4. D. J. Chalmers, "Facing up to the problem of consciousness", *Journal of Consciousness Studies* 2(3) (1995): 200–219.

5. A. Del Cul et al., "Brain dynamics underlying the nonlinear threshold for access to consciousness", *PLoS Biology* 5 (2007): e260.

6. Dehaene, *Consciousness and the Brain*, 134.

7. T. Nagel, "What is it like to be a bat?" *Philosophical Review* LXXXIII (October 1974): 435–450.

8. 同上。

9. 要理解光的科学描述和视觉体验之间的区别，也许应该考虑紫外线。在电磁辐射的光谱中，紫外线位于人类可见光谱区域的下方，因此它对我们来说是不可见的。尽管我们看不见，但仍然可以制造紫外线，探测它的存在，并测量它对物质的影响。在实验工作中，我们通常用蛋白质和核酸溶液测量紫外线的吸收情况。所以才对紫外线的性质有了完整的科学认识。现在想象一下，你在和一个能在紫外线下"看"到东西的人说话，就像我们能在光谱的可见光区域看见东西一样。对它们来说，紫外线肯定只是同他们体验蓝色或绿色一样的另一种"颜色"，但它们永远无法向我们传达在紫外线下看到物体的确切感觉。拥有看见紫外线的双眼会以科学都无法解释的方式改变它们对世界的体验。注意这个例子并非空穴来风。昆虫眼里的紫外线可是清清楚楚的，许多花能给自身着色，通过展现独特的色彩吸引蜜蜂，只有在紫外线下这些传粉者才能看见。

10. Dickey, *The Eye-Beaters, Blood, Victory, Madness, Buckhead and Mercy*.

11. 此研究的总结参见：K. Heyman, "The map in the brain: Grid cells may help us navigate",

Science 312 (2006): 680–681. A popularized version of this work appeared in: M.-B. Moser and E. I. Moser, "Where am I? Where am I going?" *Scientific American* 314(1) (January 2016): 26–33。

12. A. G. Huth et al., "Natural speech reveals the semantic maps that tile human cerebral cortex", *Nature* 532 (2016): 453–458.

13. 在这里我要提一下，经过多年研究，学术界已经能够精确描绘口渴感的神经关联。研究人员以狗为实验对象，确定了当血液中的盐含量被人为增加时被激活的大脑区域。有此认识，我们就有可能通过对某些神经元簇进行电刺激抑制或增强狗的口渴感。因此，用细胞和物理学术语来说，我们离完全理解口渴感的产生机制只有一步之遥。这对我们理解大脑如何产生感觉至关重要，也很有趣。然而，这项研究并没有描述或解释口渴的实际感觉，要完成这两项任务无疑都是"难题"，但即便我们知悉触发口渴的神经回路，那种内在的、有意的感觉仍然无法用实验来解释。这就是这道难题中最大费周章的部分。

14. Nagel, *Mind and Cosmos*, 35.

15. Tallis, *Aping Mankind*.

16. 同上，第 119 页。

17. Nagel, *Mind and Cosmos*, 6.

18. H. A. Orr, "Awaiting a new Darwin", *New York Review of Books*, February 7, 2013.

19. Tallis, *Aping Mankind*, 171.

20. 同上，第 179 页。

21. 同上，第 241 页。

22. 我想有人会说，意识也依心脏而存在，因为没有心脏就没有意识，心衰竭就会死亡。这种想法并不全对。想想看，有许多心脏被人造机械泵替代的病人活了几周，其间都很清醒。没有人会认为这些泵为被植入的病人提供了意识。相反，它们只是发挥了心脏机械式的泵血功能。而大脑与身体的其他器官不一样，它无可替代，因为它与意识直接相关。

23. 这段话的最后一句是："……没有其他物质器官（包括人类神经系统的大部分区域，以及某些低等动物的所有神经系统结构）具有这种特性。"引自：Tallis, *Aping*

Mankind，第 103 页。

24. Nagel, *Mind and Cosmos*, 36.

25. 准确地说，植物也会这样做。动植物都能进行细胞呼吸，往大气中排二氧化碳。当然，只有植物（以及众多微生物）能进行光合作用，清除空气中的二氧化碳。

26. A. B. Pippard, "The invincible ignorance of science", *Contemporary Physics* 29 (1988): 393–405.

27. C. McGinn, "All machine and no ghost", New Statesman, February 20, 2012. Accessed online July 1, 2016 at: http://www.newstatesman .com/ideas/2012/02/consciousness-mind-brain.

28. Tallis, *Neuromania*, 5

29. L. Chang and D. Y. Tsao, "The code for facial identity in the primate brain", *Cell* 169 (2017): 1013–1028.

30. The source for this quotation is: N. Wade, "You look familiar. Now scientists know why", *New York Times*, June 6, 2017 p. D3.

31. Schrödinger, *What Is Life?*

32. 同上，第 68 页。

33. Lane, Life Ascending: *The Ten Great Inventions of Evolution*, 233.

34. Nagel, *Mind and Cosmos*, 105.

35. Tallis, *Aping Mankind*, 12.

36. 同上，第 349 页。

37. G. Strawson, "Consciousness isn't a mystery. It's matter", *New York Times*, May 16, 2016.

38. Lane, *Life Ascending*, 259.

第七章　我，机器人

1. Wright, *The Moral Animal. Evolutionary Psychology and Everyday Life*, 350.

2. D. P. Barash, "Dennett and the Darwinizing of free will", *Human Nature Review* 3 (2003): 222–225.

3. W. Provine, "Evolution: Free will and punishment and meaning in life". Quoted from an abstract of Provine's keynote address, given at the second annual Darwin Day at the University of Tennessee, February 12, 1998. Online at: https://web.archive.org/web/20070829083051/http://eeb.bio.utk.edu/darwin/Archives/1998ProvineAbstract.htm.

4. S. Cave, "There's no such thing as free will", *The Atlantic*, June 2016, 69–74.

5. 同上，第 70 页。

6. 其源于达尔文 1838 年 9 月 6 日的笔记。

7. Darwin, *The Descent of Man*, 89.

8. Dennett, *Freedom Evolves*, 15.

9. Searle, *Freedom and Neurobiology: Reflections on Free Will, Language, and Political Power*, 37.

10. Boswell, *The Life of Samuel Johnson*, 169.

11. J. Locke, from a letter to Molyneux, January 20, 1693, in *The Correspondence of John Locke*, vol. IV (Oxford: Clarendon Press, 1979), 625.

12. Cottingham et al., *The Philosophical Writings of Descartes*, Volume I, 206.

13. 同上，第 99 页。

14. 同上，第 108 页。

15. 松果体参与同睡眠和觉醒相关的昼夜节律，其主要分泌物之一是褪黑素。

16. Cottingham et al., *The Philosophical Writings of Descartes*, Volume III, 206.

17. Wilson, *Consilience*, 99.

18. Pinker, *How the Mind Works*, 924.

19. 源于名为"斯蒂芬·平克谈自由意志"的视频。2016 年 7 月 18 日上传于：http://bigthink.com/videos/steven-pinker-on-free-will。

人类的本能

20. 引自：http://bigthink.com/videos/steven-pinker-on-free-will，平克的视频。

21. Harris, *Free Will*, 56.

22. Lucretius, *On the Nature of the Universe (De Rerum Natura)*, 44.

23. Dehaene, *Consciousness and the Brain*, 264–265.

24. 同上，第 265 页。

25. Harris, *Free Will*, 5.

26. 这些实验均由本杰明·利贝特等人进行，本章稍后将对此进行深入讨论。

27. Harris, *Free Will*, 47.

28. 同上，第 19 页。

29. 同上，第 7 页。

30. 同上，第 43 页。

31. 同上，第 65 页。

32. Hawking, *A Briefer History of Time*, 17.

33. 摘自：Laplace's *Essai philosophique sur les probabilités*，1814 年出版。

34. P. W. Anderson, "More is different", *Science* 1 77 (1972): 393–396.

35. Ibid, 394.

36. Penrose, *The Emperor's New Mind*.

37. S. Hameroff, "How quantum brain biology can rescue conscious free will", *Frontiers in Integrative Neuroscience* 6(93) (2012): 1–17.

38. J. R. Reimers et al., "The revised Penrose-Hameroff orchestrated objective-reduction proposal for human consciousness is not scientifically justified", *Physics of Life Reviews* 11 (2014): 101–103.

39. Tse, *The Neural Basis of Free Will*.

40. 同上，第 1 页。

41. J. Scholz, et al., "Training induces changes in white-matter architecture", *Nature Neuroscience* 12 (2009): 1370–1371.

42. A. A. Schlegel et al., "White matter structure changes as adults learn a second language", *J. Cognitive Neuroscience* 24 (2012): 1664–1670.

43. 同上，第 22 页。

44. P. U. Tse, "Free will unleashed", *New Scientist* 218 (2013): 28–29.

45. pp.8–9 in *Free Will*, by Sam Harris.

46. C. S. Soon et al., "Unconscious determinants of free decisions in the human brain", *Nature Neuroscience* 11 (2008): 543–545.

47. See Dennett's extensive discussion of Libet's experiments in *Freedom Evolves*, 227–242.

48. Dennett, *Freedom Evolves*, 241.

49. 同上，第 242 页。

50. See, for example: H. G. Jo et al., "Simultaneous EEG fluctuations determine the readiness potential: Is preconscious brain activation a preparation process to move?" *Experimental Brain Research* 231 (2013): 495–500. Also: A. G. Guggisberg, "Timing and awareness of movement decisions: Does consciousness really come too late?" *Frontiers in Human Neuroscience* 7 (2013): article 385.

51. D. P. Barash, "Dennett and the Darwinizing of free will?" (a review of Freedom Evolves, by Daniel Dennett), *Human Nature Review* 3 (2003): 222–225.

52. Dennett, *Freedom Evolves*, 267.

53. R. F. Baumeister, "Do you really have free will?" *Slate*, September 25, 2013.

54. 同上。

55. Carter, *Mapping the Mind*, 201.

第八章　舞台中央

1. Robinson, *The Death of Adam*, 62.

2. Dawkins, *The Selfish Gene*, 4.

3. 该歌词出现在 2005 年 6 月刊登在《辛辛那提》杂志的一篇文章 "在《创世记》里" 的内文中，第 134 页。

4. Robinson, *The Death of Adam*, 74–75.

5. 最初的图名是 "Stammbaum des Menschens"，字面上可理解为 " 人类起源之树 "。

6. 根据蒂莫西·沙纳汉（*The Evolution of Darwinism*, p. 288）的说法，这是达尔文在他自己拥有的罗伯特·钱伯斯的书《创世自然史之遗迹》（*Vestiges of the Natural History of Creation*）一书的页边空白处写给自己的笔记。

7. Bronowski, *The Ascent of Man*, 19.

8. 同上，第 412 页。

9. Gould, *Full House*, 29.

10. Gould, *Wonderful Life*, 288–289.

11. R. Wright, "The intelligence test: Stephen Jay Gould and the nature of evolution", *The New Republic*, January 29, 1990.

12. Gould, *Wonderful Life*, 2 91.

13. R. Wright, "The intelligence test: Stephen Jay Gould and the nature of evolution", *The New Republic*, January 29, 1990.

14. 关于偶然性和伯吉斯页岩的对立观点，可以参考古尔德和康威·莫里斯为《博物学》（*Natural History*）杂志写的文章：S. Conway Morris and S. J. Gould, "Showdown on the Burgess Shale", *Natural History* 107(10) (1998): 48–55。

15. Conway Morris, *The Runes of Evolution*, 7.

16. C. B. Albertin et al., "The octopus genome and the evolution of cephalopod neural and morphological novelties", *Nature* 524 (2016): 220–224.

17. Conway Morris, *The Runes of Evolution*, 20.

18. Crick, *The Astonishing Hypothesis*, 3.

19. 同上，第 648 页。

注 释

20. Snow, *Mere Christianity*, 60.

21. Robinson, *Absence of Mind*, 112.

22. Wilson, *On Human Nature*, 156.

23. P. Bloom, "The war on reason", *The Atlantic*, March 2013.

24. Hawking, *A Brief History of Time*, 193.

25. 引自：Ruse, *Beyond Mechanism*，第 417 页。应该注意的是，鲁斯通过加上"得到格雷戈尔·孟德尔的一些帮助"接着向遗传学之父致敬。

26. 这是西奥多塞斯·多布赞斯基（Theodosius Dobzhansky）1975 年在《美国生物学教师》(*American Biology Teacher*) 杂志上发表的一篇文章的标题。

27. 威尔逊引用了进化研究所主页上的话，正如其在第一章开头所写："历史学家回顾 21 世纪的历史时，会发现进化论已延展至所有与人类相关的知识，但大部分依然受限于 20 世纪的生物科学。在我们即将迎来 21 世纪第 16 个年头之际，这场知识革命已经全面展开。一个由科学家、学者、记者和读者组成的大规模团体已经完全接受了，'除非从进化论的角度来看，否则关于 X 的任何事情都没有意义'。除生物学外，这里的 X 可以是人类学、艺术、文化、经济学、历史、政治、心理学、宗教和社会学。"

28. Dutton, *The Art Instinct*, 3.

29. 同上，第 101 页。

30. 同上，第 175 页。

31. A. Gottlieb, "The descent of taste", *New York Times*, January 29, 2009, p. BR12.

32. J. Lehrer, "Our inner artist", *Washington Post*, January 11, 2009.

33. 同上。

34. M. Mattix, "Portrait of the artist as a caveman", *New Atlantis*, Winter/Spring 2013, 135.

35. 此数据不包括极地大陆上的居民。

36. Robinson, *The Death of Adam*, 4.

37. E. O. Wilson, *The Meaning of Human Existence* (New York: W. W. Norton, 2014), 13.

38. 同上，第 13-14 页。

39. Genesis 2: 19–20.

40. Bronowski, *The Ascent of Man*, 437.

41. Nagel, *Mind & Cosmos*, 123.

42. 同上，第 124 页。

技术附录：2 号染色体的融合位点

1. 一般的人类细胞有 46 条染色体，然而精子和卵细胞只有 23 条，因此每个人各从父母那里遗传 23 条染色体，从而形成 23 对染色体，共 46 条染色体。

2. Ijdo, J.W. , etal. (1991). "0 rigin of hum an chromosom e2 : An ancestral telomere-telom erefusion. Proceed ings of the National Academy of Sciences 88: 9051-9055.

3. 奇兹米勒诉多佛学区案（2005 年）是宾夕法尼亚州的一次联邦审判，起因是宾夕法尼亚州多佛市的学校董事会试图在当地高中教授"智慧设计论"课程。

4. 这是 1997 年卡罗尔·格雷德实验室在研究缺乏端粒酶的"昏迷"小鼠的文章中提出的关键内容之一。经过几代繁殖之后，端粒重复序列的数量变得越来越少，最终促使染色体头尾融合，与人类 2 号染色体如出一辙。参见：M. A. Blasco et al., "Telomere shortening and tumor formation by mouse cells lacking telomerase RNA", *Cell* 91 (1997): 25–34。

5. 此评论发表在著名的反进化论组织创世研究所的内部期刊上。参见：J. P. Tomkins, "Alleged human chromosome2 'fusion site' encodes an active DNA binding domain inside a complex and highly expressed gene—negating fusion", *Answers Research Journal* 6 (2013): 367–375。

6. V. Costa et al., "DDX11L: A novel transcript family emerging from human subtelomeric regions", *BMC Genomics* 10 (2009): 250.

7. WASH 代表"湿疹血小板减少伴免疫缺陷综合征同源物"（Wiskott-Aldrich syndrom eprotein and scarhom olog）。

8. P. Wang et al., "Case report: Potential speciation in humans involving Robertsonian translocations", *Biomedical Research* 24 (2013): 171–174.

9. P. Martinze-Castro et al., "Homozygosity for a Robertsonian translocation (13q14q) in three offspring of heterozygous parents", *Cytogenetics and Cellular Genetics* 38 (1984): 310–312.

人类的本能

参考文献

Ahmer, Brian M. (2004). "Cell-to-cell signalling in *Escherichia coli* and *Salmonella enterica*." *Mol. Microbiol.* 52: 933–945.

Albertin, Caroline B., et al. (2016). "The octopus genome and the evolution of cephalopod neural and morphological novelties." *Nature* 524: 220–224.

Allen, Elizabeth, et al. (1975). "Against 'sociobiology.'" *New York Review of Books*, November 13.

Anderson, Phillip W. (1972). "More is different." *Science* 177: 393–396.

Antón, Susan C., et al. (2014). "Evolution of early *Homo*: An integrated biological perspective." *Science* 344: 1236828.

Bailey, Robert O., et al. (1978). "Rape behavior in blue-winged teal." *Auk* 95: 188–190.

Barash, David P. (2003). "Dennett and the Darwinizing of free will." *Human Nature Review* 3: 222–225.

Baumeister, Roy F. (2013). Do you really have free will? *Slate*, September 25, 2013. Accessed online: http://www.slate.com/articles/health _and_science/science/2013/09/free_will_debate_what_does_free_will _mean_and_how_did_it_evolve.html.

Begley, Sharon. (2009). "Why do we rape, kill, and sleep around?" *Newsweek*, June 19.

Bloom, Paul. (2013) *The War on Reason. The Atlantic*, March.

Booth, H. Anne F., and Peter W. Holland. (2004). "Eleven daughters of NANOG." *Genomics* 84: 229–238.

Boswell, James. (1833). *The Life of Samuel Johnson*. New York: George Dearborn.

Brawand, David, et al. (2008). "Loss of egg yolk genes in mammals and the origin of lactation and placentation." *PLoS Biology* 6: e63.

Brem, S. K., M. Ranney, and J. Schindel. (2003). "Perceived consequences of evolution: College student perceive negative personal and social impact in evolutionary theory." *Science Education* 87: 181–206.

Bronowski, Jacob. (1973). *The Ascent of Man*. Boston: Little, Brown and Company.

Brownmiller, Susan. (1975). *Against Our Will: Men, Women and Rape*. New York: Simon and Schuster.

Buckner, Randy L. and Fenna M. Krienen. (2013). "The evolution of distributed association networks in the human brain." *Trends in Cognitive Science* 17: 649.

Burr, Chandler. (1997). "Homosexuality and biology." *The Atlantic*, June.

Carter, Rita. (1998). *Mapping the Mind*. San Francisco: University of California Press.

Cave, Stephen. (2016). "There's no such thing as free will." *The Atlantic*, pp. 69–74, June.

人类的本能

Chalmers, David J. (1995). "Facing up to the problem of consciousness." *Journal of Consciousness Studies* 2: 200–219.

Chapman, Matthew. (2008). *40 Days and 40 Nights: Darwin, Intelligent Design, God, Oxycontin, and Other Oddities on Trial in Pennsylvania*. New York: HarperCollins.

Confer, Jaime C., et al. (2010). "Evolutionary psychology: Controversies, questions, prospects, and limitations." *American Psychologist* 65: 221–226.

Conway Morris, Simon, and Stephen J. Gould. (1998) "Showdown on the Burgess Shale." *Natural History* 107: 48–55.

_____. *The Runes of Evolution*. (2015). West Conshohocken, PA: Templeton Press.

Cottingham, John, et al. (1985) The Philosophical Writings of Descartes, Volume I. Cambridge: Cambridge University Press.

_____. (1991) The Philosophical Writings of Descartes, Volume III. The Correspondence. Cambridge: Cambridge University Press.

Crick, Francis. (1994). *The Astonishing Hypothesis*. New York: Simon and Schuster.

Daly, Martin, and Margo I. Wilson. (2001). "An assessment of some proposed exceptions to the phenomenon of nepotistic discrimination against stepchildren." *Ann. Zool. Fennici* 38: 287–296.

Dart, Raymond. (1925). "*Australopithecus africanus*: The man-ape of South Africa." *Nature* 115: 195–199.

Darwin, Charles. (1859; 2009). *On the Origin of Species*. In E. O. Wilson, ed., *From So Simple a Beginning*. New York: Norton.

Darwin, Charles. (1871). *The Descent of Man and Selection in Relation to Sex*. London: John Murray.

Dawkins, Richard. (2016). *The Selfish Gene—40th Anniversary Edition*. New York: Oxford University Press.

—————. (1995). *River out of Eden*. New York: Basic Books.

Dehaene, Stanislas. (2014). *Consciousness and the Brain*. New York: Penguin Books.

Del Cul, Antoine, et al. (2007). "Brain dynamics underlying the nonlinear threshold for access to consciousness." *PLoS Biology* 5: e260.

De Groote, Isabelle, et al. (2016). "New genetic and morphological evidence suggests a single hoaxer created 'Piltdown man'." *Royal Society Open Science* 3: 160328, http://dx.doi.org/10.1098/rsos.160328.

Dennett, Daniel. (2003). *Freedom Evolves*. New York: Viking Press.

Descartes, Réne. (1644). *Principles of Philosophy*.

deWaal, Frans. (2009). "Obviously, says the monkey," an essay in *Does Evolution Explain Human Nature*. The John Templeton Foundation, West Conshohocken, PA.

—————. (2016). *Are We Smart Enough to Know How Smart Animals Are?* New York: Norton.

Dickey, James. (1971). *The Eye-Beaters, Blood, Victory, Madness, Buckhead and Mercy*. Atlanta: Hamish Hamilton Press.

Dutton, Denis. (2008). *The Art Instinct*. New York: Bloomsbury Press.

Epstein, Robert. (2016). "The empty brain." *Aeon*, May 18.

人类的本能

Fairbanks, Daniel J. (2007). *Relics of Eden. The Powerful Evidence of Evolution in Human DNA*. Amherst, New York: Prometheus Books.

—————. (2012). *Evolving: The Human Effect and Why It Matters*. Amherst, New York: Prometheus Books.

—————. et al. (2012). "NANOGP8: Evolution of a human-specific retro-oncogene." *G3 (Genes, Genomes, Genetics)* 2: 1447–1457.

Freyer, Claudia, and Marilyn B. Renfree. (2009). "The mammalian yolk sac placenta." *Journal of Experimental Zoology* 312B: 545–554.

Gee, Henry. (2013). *The Accidental Species*. Chicago: University of Chicago Press.

Germine, Laura, et al. (2015). "Individual aesthetic preferences for faces are shaped mostly by environments, not genes." *Current Biology* 25: 2684–2689.

Gibbons, Ann. (2016). "Why humans are the high-energy apes." *Science* 352: 639.

Gottlieb, Anthony. (2009). "The descent of taste." *New York Times*, January 29, p. BR12.

Gould, Stephen J., and Richard C. Lewontin. (1979). "The spandrels of San Marco and the Panglossian paradigm: A critique of the adaptationist programme." *Proc. R. Soc. Lond.* B. 205: 581–598.

Gould, Stephen J. (1980). *The Panda's Thumb*. New York: W. W. Norton.

—————. (1989). *Wonderful Life*. New York: Norton.

—————. (1991). *Bully for Brontosaurus*. New York: Norton.

—————. (1995). "Spin-doctoring Darwin." *Natural History* 104: 6–9.

—————. (1996). *Full House.* New York: Harmony Books.

Grammer, Karl, and Randy Thornhill. (1994). "Human (*Homo sapiens*) facial attractiveness and sexual selection: The role of symmetry and averageness." *Journal of Comparative Psychology* 108: 233–242.

Greenspan, Ralph J., and Herman A. Dierick. (2004). "'Am I not a fly like thee?': From genes in fruit flies to behavior in humans." *Human Molecular Genetics* 13: R267–R272.

Guggisberg, Adrian G. (2013). Timing and awareness of movement decisions: Does consciousness really come too late? *Frontiers in Human Neuroscience* 7: 1–11 (article 385).

Haldane, John Burdon Sanderson. (1932). *The Causes of Evolution.* London: Longmans, Greene, and Co.

—————. (1927). *Possible Worlds and Other Papers.* London: Chatto and Windus.

Hameroff, Stuart. (2012). "How quantum brain biology can rescue conscious free will." *Frontiers in Integrative Neuroscience* 6: 1–17.

Hamilton, William D. (1964). "The genetical evolution of social behaviour. I." *J. Theoretical Biology* 7: 1–16.

—————. (1964). "The genetical evolution of social behaviour. II." *J. Theoretical Biology* 7: 17–52.

Hauser, Marc R. (2006). *Moral Minds: How Nature Designed a Universal Sense of Right and Wrong.* New York: HarperCollins.

Harris, Sam. (2012). *Free Will.* New York: Free Press.

Hawking, Stephen. (1998). *A Brief History of Time.* New York: Bantam Dell.

_____. (2005). *A Briefer History of Time*. New York: Random House.

Heyman, Karen. (2006). "The map in the brain: Grid cells may help us navigate." *Science* 312: 680–681.

Hillier, LeDeana W., et al. (2005). "Generation and annotation of the DNA sequences of human chromosomes 2 and 4." *Nature* 434: 724–731.

Howell, F. Clark. (1965). *Early Man*. New York: Time-Life Books.

Humes, Edward. (2007). *Monkey Girl*. New York: HarperCollins.

Huth Alexander G., et al. (2016). "Natural speech reveals the semantic maps that tile human cerebral cortex." *Nature* 532: 453–458.

Huxley, Thomas H. (1862). "On fossil remains of man." *Proceedings of the Royal Institution of Great Britain* 3: 420–422.

_____. (1863). *Evidence As to Man's Place in Nature*. London: Williams and Norgate.

Jo, Han-Gue, et al. (2013). "Simultaneous EEG fluctuations determine the readiness potential: Is preconscious brain activation a preparation process to move?" *Experimental Brain Research* 231: 495–500.

Johnson, George. (2016). "Science of Consciousness conference is carnival of the mind." *New York Times*, May 17, D5.

Jones, B. C., et al. (2001). "Facial symmetry and judgements of apparent health support for a 'good genes' explanation of the attractiveness–symmetry relationship." *Evolution & Human Behavior* 22: 417–429.

Kimball, Roger. (1999). "John Calvin got a bad rap." *New York Times Book Review*, February 7.

Knapp, Alex. (2012). "Why your brain isn't a computer." *Forbes*, May 4.

Kruger, Daniel, and Dreyson Byker. (2009). "Evolved foraging psychology underlies sex differences in shopping experiences and behaviors." *J. Social, Evolutionary, and Cultural Psychology* 3: 328–342.

Lane, Nick. (2009). *Life Ascending: The Ten Great Inventions of Evolution*. New York: Norton.

Laplace, Pierre Simon. (1814). *Essai philosophique sur les probabilités*. Courcier: Paris.

Leach, Ben. (2009). "Shopping is 'throwback to days of cavewomen.'" *The Telegraph*, February 25.

Lebo, Lauri. (2008). *The Devil in Dover*. New York: The New Press.

Lehrer, Jonah. (2009). "Our inner artist." *Washington Post*, January 11.

Lewis, Clive S. (1949). *The Weight of Glory and Other Addresses*. New York: HarperOne.

Lieberman, Phillip. (2015). "Language did not spring forth 100,000 years ago." *PLoS Biology* 13(2): e1002064.

Locke, John. (1979). *The Correspondence of John Locke* (Vol. IV). Oxford: Clarendon Press.

Lombrozo, Tania. (2013). "Can science deliver the benefits of religion?" *Boston Review*, August 7. Accessed online: https://bostonreview.net/arts-culture/can-science-deliver-benefits-religion.

Lordkipanidze, David, et al. (2013). "A complete skull from Dmanisi, Georgia, and the evolutionary biology of early *Homo*." *Science* 342: 326–331.

Lucretius. (1994). *On the Nature of the Universe (De Rerum Natura)* (translated by R. E. Latham). London: Penguin Books.

人类的本能

Lyell, Charles. (1838). *Elements of Geology*. London: John Murray.

_____. (1863). *Geological Evidence of the Antiquity of Man*. London: John Murray.

MacFadden, Bruce. (2005). "Fossil horses—evidence for evolution." *Science* 307: 1728–1730.

Marcus, Gary. (2008). *Kluge: The Haphazard Construction of the Human Mind*. New York: Houghton Mifflin.

_____. (2015). "Face it. Your brain is a computer." *New York Times*, June 28, p. SR12.

Mascaro, Jennifer, et al. (2013). "Testicular volume is inversely correlated with nurturing-related brain activity in human fathers." *Proceedings of the National Academy of Sciences* 110: 15746–15751.

Matthew, William D. (1926). "The evolution of the horse: A record and its interpretation." *Quarterly Review of Biology* 1: 139–185.

Mattix, Micah. (2013). "Portrait of the artist as a caveman." *The New Atlantis*, Winter/Spring.

McEwan, Ian. (2005). *Saturday*. New York: Random House.

McGinn, Colin. (2012). "All machine and no ghost." *New Statesman*, February 20.

Miller, Kenneth. D. (2015). "Will you ever be able to upload your brain?" *New York Times*, October 10, p. SR6.

Miller, Kenneth R. (2007). *Only a Theory: Evolution and the Battle for America's Soul*. New York: Viking Press.

Reich, Eugenie Samuel (2012). "Misconduct ruling is silent on intent." *Nature* 489: 189–190.

Reimers, Jeffrey. R., et al. (2014). "The revised Penrose–Hameroff orchestrated objective-reduction proposal for human consciousness is not scientifically justified." *Physics of Life Reviews* 11: 101–103.

Robinson, Marilynne. (1998). *The Death of Adam*. New York: Houghton Mifflin.

—————. (2010). *Absence of Mind: The Dispelling of Inwardness from the Modern Myth of the Self*. New Haven, CT: Yale University Press.

Ruse, Michael. (2013). In *Beyond Mechanism*, Henning, B. G., and A. C. Scarfe, eds. New York: Lexington Books.

Ryner, Lisa C., et al. (1996). "Control of male sexual behavior and sexual orientation in *Drosophila* by the *fruitless* gene." *Cell* 87: 1079–1089.

Sawyer, G. J. and V. Deak. (2007). *The Last Human: A Guide to Twenty-Two Species of Extinct Humans*. New Haven: Yale University Press.

Schlegel, Alexander A., et al. (2012). "White matter structure changes as adults learn a second language." *J. Cognitive Neuroscience* 24: 1664–1670.

Scholz, Jan, et al. (2009). "Training induces changes in white-matter architecture." *Nature Neuroscience* 12: 1370–1371.

Schrödinger, E. (1944). *What is life? The physical aspect of the living cell*. Cambridge: Cambridge University Press.

Searle, John R. (2006). *Freedom and Neurobiology: Reflections on Free Will, Language, and Political Power*. New York: Columbia University Press.

人类的本能

Shanahan, Timothy. (2004). *The Evolution of Darwinism*. Cambridge: Cambridge University Press.

Shapiro, Adam R. (2013). *Trying Biology: The Scopes Trial, Textbooks, and the Antievolution Movement in American Schools*. Chicago: University of Chicago Press.

Shermer, Michael. (2002). *In Darwin's Shadow. The Life and Science of Alfred Russel Wallace*. New York: Oxford University Press.

Shirangi, Troy R., et al. (2006). "A double-switch system regulates male courtship behavior in male and female *Drosophila melanogaster*." *Nature Genetics* 38: 1435–1439.

Shubin, Neil. (2007). *Your Inner Fish*. New York: Pantheon.

Slack, Gordie. (2007). *The Battle Over the Meaning of Everything. Evolution, Intelligent Design, and a School Board in Dover, PA*. San Francisco: John Wiley & Sons.

Smith, Eric A., et al. (2001). "Controversies in the evolutionary social science: A guide for the perplexed." *Trends in Ecology and Evolution* 16: 128–135.

Snow, C. P. (1952). *Mere Christianity*. New York: HarperCollins.

Soon, Chun Siong, et al. (2008). "Unconscious determinants of free decisions in the human brain." *Nature Neuroscience* 11: 543–545.

Strawson, Galen. (2016). "Consciousness isn't a mystery. It's matter." *New York Times*, May 16.

Switek, Brian. (2010). *Written in stone. Evolution, the fossil record, and our place in nature*. New York: Bellevue Literary Press.

Symons, Donald. (1979). *The Evolution of Human Sexuality*. London: Oxford University Press.

Tallis, Raymond. (2011). *Aping Mankind.* New York: Routledge.

The John Templeton Foundation. (2010). *Does Evolution Explain Human Nature?* Published online: http://www.templeton.org/evolution /Essays/evolution_booklet.pdf.

Thomas, Brian, and Frank Sherwin. (2013). "Human-like fossil menagerie stuns scientists." Accessed January 3, 2016 at http://www.icr.org /article/human-like-fossil-menagerie-stuns-scientists/.

_____. (2013). "New 'human' fossil borders on fraud." Accessed January 3, 2016: http://www.icr.org/article/new-human-fossil-borders- fraud/.

Thornhill, Randy, and Craig T. Palmer. (1980). *A Natural History of Rape. Biological Bases of Sexual Coercion.* Cambridge, MA: MIT Press.

Tse, Peter U. (2013). *The Neural Basis of Free Will.* Cambridge, MA: MIT Press.

_____. (2013). "Free will unleashed." *New Scientist* 218: 28–29.

Wade, Nicholas. (1996). "Mating game of fruit fly is traced to a single gene." *New York Times*, December 13.

Williams, George C. (1997). *The Pony Fish's Glow.* New York: Harper Collins.

Wilson, Edward O. (1971). *The Insect Societies.* Cambridge, MA: Harvard University Press.

_____. (1975). *Sociobiology: The New Synthesis.* Cambridge, MA: Harvard University Press.

_____. (1978). *On Human Nature.* Cambridge, MA: Harvard University Press.

_____. (1994). *Naturalist*. Washington, DC: Island Press.

_____. (1998). *Consilience*. New York: Alfred A. Knopf.

_____. (2014). *The Meaning of Human Existence*. New York: W. W. Norton.

Wright, Robert. (1990). "A review of *Wonderful Life: The Burgess Shale and the Nature of History* by Stephen Jay Gould." *The New Republic*, January 29.

_____. (1995). *The Moral Animal. Evolutionary Psychology and Everyday Life*. New York: Vintage Books.

Wolf, Arthur P. (1970). "Childhood association and sexual attraction: A further test of the Westermark hypothesis." *American Anthropologist* 72: 503–515.

Yu, Douglas W., and Glenn H. Shepard. (1998). "Is beauty in the eye of the beholder?" *Nature* 396: 321–322.

Yunis, Jorge J., and Om Prakash. (1982). "The origin of man: A chromosomal pictorial legacy." *Science* 215: 1525–1530.

Zimmer, Carl. (2004). *Soul Made Flesh*. New York: Free Press.

_____. (2013). "In the human brain, size really isn't everything." *New York Times*, December 31, p. D3.

致　谢

对于在本书编写过程中，从许多人那里得到的帮助、鼓励和支持，我表示衷心的感谢。致谢名单包括尼古拉斯·马茨、尤金妮亚·斯科特（Eugenie Scott）、里克·波茨（Rick Potts），以及我在布朗大学的同事菲利普·利伯曼、威廉·费尔布罗泽、索希尼·拉马钱德兰和已故的迈克尔·麦基恩。感谢兰迪·巴克纳、戴维·洛尔德基帕尼泽、戴维·希利斯和丹尼尔·J. 费尔班克斯允许我使用他们作品中的插图。特别感谢托马斯·内格尔花时间就意识演化的关键问题与我展开讨论。同时我必须承认，斯蒂芬·杰·古尔德、雅各布·布洛夫斯基和爱德华·威尔逊等作者给予我的莫大灵感。对我来说，他们愿意努力解决人类存在的重大问题，这是科学如何宣告并丰富我们对世界理解的典范。

我要感谢我的经纪人巴尼·卡普芬格（Barney Karpfinger），他在多年时间中不辞辛劳地帮助我塑造了这部书稿，并使其重点突出。同样，也感谢我的编辑普丽西拉·佩因顿（Priscilla Painton）。他们的耐心堪称典范，他们的支持对我写就本书而言至关重要。近 40 年间，我一直有幸在布朗大学授课并进行研究，在这段职业生涯中，优秀的同事、富有创造力的学生和具有浓郁学术氛围的环境丰富了我的人生。最后，我要感谢我的家人，尤其是我的妻子乔迪，感谢他们的包容、理解和爱。这样的礼物是无价的珍宝，我难以言表。